袁越 著

生命八卦

行走在人体迷宫

生活·讀書·新知 三联书店

图书在版编目（CIP）数据

生命八卦.行走在人体迷宫／袁越著.—北京：
生活·读书·新知三联书店，2021.6
（三联生活周刊·中读文丛）
ISBN 978-7-108-07131-6

Ⅰ.①生…　Ⅱ.①袁…　Ⅲ.①生命科学－普及读物
Ⅳ.① Q1-0

中国版本图书馆 CIP 数据核字（2021）第 055939 号

责任编辑　赵庆丰
装帧设计　康　健
责任印制　张雅丽
出版发行　**生活·讀書·新知** 三联书店
　　　　　（北京市东城区美术馆东街 22 号　100010）
网　　址　www.sdxjpc.com
经　　销　新华书店
印　　刷　北京隆昌伟业印刷有限公司
版　　次　2021 年 6 月北京第 1 版
　　　　　2021 年 6 月北京第 1 次印刷
开　　本　850 毫米 × 1168 毫米　1/32　印张 10.75
字　　数　205 千字
印　　数　0,001 - 5,000 册
定　　价　49.00 元

（印装查询：01064002715；邮购查询：01084010542）

序

柴 静

　　会买这本书的人，肯定像我一样胡思乱想过一些无厘头的问题，比如说"为什么是猴子而不是老虎变成了人？"因为我常常想象一只老虎坐进出租车，庄严地把尾巴掖进来："师傅，去中友。"自己乐半天。

　　袁越的解释是："因为黑猩猩最耐热。"

　　嘎？

　　"黑猩猩想活下来，它怕夜里的猛兽，只能中午捕食，而中午最热。"

　　这是什么逻辑？

　　"哺乳动物最怕热的部分就是大脑。大脑是单位体积产生热量最多的器官，也是对温度变化最敏感的器官。要想为大脑降温，必须加快血液循环，让血液把大脑产生的热量带走。"

　　"有什么依据？"

　　他立刻眉飞色舞："考古学家通过测量颅骨上的'蝶导

静脉孔'和静脉窦穿出颅腔所留下的血槽的直径，发现越是和现代人类接近的猿人头盖骨化石，'蝶导静脉孔'越多，直径越大，血槽也越浅，说明它们的散热效率也就越高……"

"嗯……不懂。"

"总之吧……靠这套高效的散热系统，直立人才敢在非洲炎热的中午四处觅食，靠一顿午饭活了下来。"

"不可能，黑猩猩那速度，能追上谁啊？"

"牛羚的瞬时速度虽然快，但只能维持几分钟，否则就会被急速升高的体温烧死，一个经过训练的原始猎人可以在炎热的中午，以每小时接近20公里的速度连续奔跑四五个小时！直到把猎物追得完全没了力气，只能站在原地等死。"

哈哈。

他挺来劲。"人是汗腺最发达的哺乳动物，在剧烈运动的情况下，一匹马每平方米皮肤每小时大约可以排汗100克，骆驼为250克，人可以达到惊人的500克！"

"能排汗有什么用啊，我就跑不了那么长时间……"

"你看，长时间的奔跑需要大量的氧气……"

"……"

"在听吗？"

"你说要是老虎坐在出租车里，会是蹲在座位上吗？"

"……"

2

因为袁越有个博客叫作"土摩托日记"，所以我们私下里都喜欢叫他土老师。土老师在饭局上常常也想谈谈音乐和文化，但一说话，就被人打趣："你有什么科学依据？"

他如果想认真解释，就引起一阵哄笑。

他嘿嘿一乐，从不反击。

这句话是他的标志，因为他有固若金汤的重实证、重逻辑、重量化分析的思维习惯，他写的这个叫《生命八卦》的专栏，很短，但是每一篇写得都挺用力。除了他在美国做过十几年的科学工作的经验，他还每天去看最新的《科学》、《自然》、《新科学家》和《发现》，《纽约时报》、《时代周刊》等的科学版的报道，再动用维基和谷歌等搜索引擎，"寻找一切可能找到的相关素材"。

用他自己的话说，最笨的方法。

顾准说过，中国人太聪明，常常追求顿悟式的大智慧，像王阳明那样，对着竹子"格物致知"，格了七天七夜，什么也没格出来，大病一场。

土老师写这些关于生命的八卦，不追求什么微言大义，不会动不动就直奔人类的终极智慧而去——我看对他来说，也没什么那样的智慧存在。他只是老老实实地好奇，想了解一事一物，所以不带前提地寻找证据，往往颠覆我自以为是的常识和经验。

所以，在关于厦门"PX事件"和地震预报的争论中，他都在提供不同的意见，既不同于官方，也不刻意反官方，他只是忠于他了解到的数据，我没有看到过他因为顾忌而站在任何一方的立场上，也没看过他赶过时髦，他只是展示证据和提供他寻求证据的方式与路径。

"我在写作的时候会有意识地在科学思维方式和研究思路上多下笔墨。"他说。逻辑自会将人推向应往之地。

地震时，陈坚遇难去世，他也在场，但他的报道提供的不是简单的感慨痛惜，而是救助中的科学。"坏死的肌肉释放出来的肌红素等蛋白质，以及钾离子等电解质就会随着血液循环进入内脏，导致肾脏或心脏功能衰竭。一旦出现这种情况，病人几分钟内就会死去。"

他引用医生的话，"面对病人的时候不轻易动感情，这样才能在冷静中做出正确的选择"。

土老师其实也经常试图抒一下情，前两天他在秘鲁给大家发短信说："马楚比楚像个一肚子心事的哑巴，心事重重地坐在山坡上。"

但很快他就对印加人用处女祭祀山神的宗教情感产生了不敬之意："有个小细节让我产生了一丝不安，X光显示，她是被人用尖利的石块击中脑壳后死去的，科学家还分析了她体内的血红蛋白，发现她被击中后起码还存活了5分钟……这不仅是一个宗教祭祀场所，可能还是个谋杀现场。"

在他的世界里，理性是至高无上的神，一切都在其之下，在这种"求真"的憨态面前，任何感情都要让步。

他算是歌手小娟极好的朋友了，写乐评时也直言不讳地批评。写完还浑然无事去见人家，回来后在MSN上不安地对我说："她哭了……"

唉。

他也有我看不顺眼的地方，就是理科男的优越感。

我看土老师第一篇文章是《我只喜欢和智商高的人聊天》，写他当天吃饭的对象——"也是复旦的！也是高考数学满分！"

我这小暴脾气，立刻写了一篇我从小没得过100分、从没被老师表扬过的人生经历，还差点把题目写成《从此失去土摩托》。哈哈。

土老师倒没生气，只在MSN上打了个红脸儿。我几年后才弄明白，他是打心眼儿里喜欢智力这回事，这不光是他的乐趣——也许还是信仰？那种兴奋之情里一多半是天真的高兴。

土老师的博客座右铭是：偏见源于无知。他的尖锐不是与人而战，他与他心目中的无知作战。

当然，有的时候姿态不太好看，男生们嘛，总有点儿觉得自己个儿"站得高，溅得远"的蛮劲儿，梁漱溟批评过熊十力的"我慢之重"——"慢，就是傲慢，就是觉得自己真理在手，心里高傲，看不起别人"。

但他同时也是我见过的最讲道理的家伙，即使曾与他论战的人，即使讽刺伤害过他的人，只要有一个说法有见地，他还是真诚地赞叹。他的博客被老罗从牛博首页拿掉之后，他对我说："他删我删得有道理"，我原来想过"这厮不是装的吧……"时间长了，发现还真不是。

用老罗的话，"土摩托是一个极少见的有赤子之心的中国人"。

在胚胎问题上我与方舟子有不同意见时，土老师很不留情面地写文章批评我。我当时认为我们争论的点应该在伦理上，但我后来理解了他为什么那么来劲，因为他们认为谈伦理的基础是"记者对真相要有洁癖"。

这句话对我来说很有用，以往做一期节目，办公室里经常要讨论，"我们的落点在哪里？我们的价值观能高于别人吗？"但是，不管你有一千个漂亮的第二落点，有一个问题是绕不过去的："真？还是假？"

我在调查中也常担心观众对过于技术性的东西会感到厌倦，但是后来我发现，人们从不厌倦于了解知识——只要这些知识是直接指向他们心中悬而未决的巨大疑问的。

所以现在在出发前，我只问"我们能拿到的事实是什么？这个事实经过验证吗？从这个事实里我能归纳出什么？有没有相反的证据？还有，嗯，别忘了，土老师这样的天敌看了会说什么？"

我也曾批评他智力上的独断与优越感，而从他近来的文字中也看到很大的变化——少有尖锐刺目的字眼，不是"立异以为高",而是提供更多的材料让人思考。

我想,这是他约我写这篇文章的原因——我们都清楚,人人都有缺陷,所以必须尊重异己,对对方的观点审慎地观察和研究,并且公开而有诚意地讨论和交锋,这是纠正偏见的最好方式。

最后说一句。

每次我习惯性地批评土老师文章的时候,他总是非常老实地说:"对,您说得对!"我就不好意思往下说了。偶尔想夸一下的时候,他的反应总是"其实我那篇才叫真的好呢",雀跃得让人心碎,也没法儿接话。

好吧,总算,借此机会,让我完整地表达一下,土老师的文章里有一种少见的穷究事理的憨厚笨拙的劲儿,加上他智商……咳咳……智商确实高。

六哥说过,好东西是聪明人下笨功夫做出来的。

这个笨功夫,是必须下的,急不得,急的结果都是油条式的——炸得金光铮亮出来了,都是空心的。

科学如此,媒体如此。

我想占用一点你的零碎时间

想想看，你有多久没有拿起过一本厚书了？

在这个生活节奏越来越快的时代，很多人都找不出整块的时间留给自己，一本大部头著作往往读了好久都读不完。而那些等车、睡前和上厕所的零碎时间则只够用来刷刷手机，消费一下明星八卦。

你是否觉得这样的生活是在浪费生命？如果答案是肯定的，那就不妨翻开这套小书，把你的零碎时间分一点给生命八卦。

这套书是我在《三联生活周刊》上开的"生命八卦"专栏的合集。这个专栏开始于 2005 年，当时的周刊副主编苗炜建议我开个科技专栏，利用我在生命科学领域的知识背景，向读者介绍这方面的新知。"生命八卦"这个名字就是苗炜起的，他希望我能把这个专栏写得通俗易懂，把严肃的科学知识八卦化。

虽然"八卦"这两个字给了我很大的创作空间，但我也深知这是个科学专栏，我写的每一句话都必须要有科学根据，不能随意加入自己的个人观点。于是我给自己定了一个标准，那就是每篇文章的信息源都必须是发表在经过同行评议的正规科学期刊上的论文，而且一定要在文章中标注出来，方便感兴趣的读者进一步查证。除此之外的科学新闻，无论听上去多么有道理，或者其意义有多么重大，都不会被我写入这个专栏。

在科普方面，我相信"授人以鱼，不如授人以渔"。我觉得一篇好的科学文章不但要传播科学知识，更应该传播科学的思维方式。我在写作的时候会有意识地在科学思维方式和研究思路上多下笔墨，为的就是向读者介绍科学家们的思维过程，启发读者在日常生活中借鉴他们的思路，依靠自己的力量解决生活中遇到的各种问题，也能更好地辨别那些流传甚广的伪科学谣言。

话虽如此，我还相信另一句俗语，那就是"巧妇难为无米之炊"。一个人要想过上一种智性的生活，不再被谣言所蛊惑，光有逻辑思维能力是远远不够的，还需要掌握丰富的科学知识。没有这些知识作为基础，不管逻辑多么缜密的思考都是空中楼阁，不会有任何意义。

事实上，这就是我之所以坚持写这个专栏的最大原因。我相信"偏见源于无知"，而这个专栏的主要目的就是普及关于生命科学的基础知识，帮助大家消除偏见。要想做到这一点，最好的办法当然是系统性地学一门功课。但是，如果能利用碎片时间积累一些碎片化的知识点，也会是很好的补充。

因为是杂志专栏，每篇只有一页，所以这些文章都不长，平均1500字左右，最多10分钟就能读完，属于标准的碎片化阅读。此次再版，我拿掉了几篇不合时宜的文章，又让出版社做成了便于携带的小开本。我希望能占用一点你的零碎时间，帮你增加一点零碎的小知识，以此来提高你的生活质量。

谢谢大家。

袁越

2021 年 3 月 1 日于北京

目 录

1

I

辑 一

人这种动物

男人为什么长乳头？

这不是一个无厘头的问题。

世界上大概只有男人才会严肃地思考这个问题。

小孩子们会说：既然女的都有，男的为什么没有？女人们会说：前胸光着多难看啊？而且，男人们想归想，只有个别喝多了的家伙才会严肃地跑去问医生。现在好了，美国有两个男人写了一本书，回答了这个问题，书名就叫《男人们为什么长乳头？》，副标题是"喝了 3 杯之后才敢问医生的 100 个问题"。这些问题全都是无关生死的医学问题，男人们闲得无聊的时候会拿它们来消磨时间。比如，美国流传一种说法：误吞的口香糖要在肚子里待 7 年才会被消化掉。世界上肯定有不少边嚼口香糖边喝水的人会暗自担心好一阵子，请看这本书的作者是怎么回答的：

为什么总是 7 这个数字？你打碎一面镜子要倒霉 7 年，狗的 1 岁相当于人过 7 年……那么，假如一条狗先打碎了一面镜子，然后又误吞了一块口香糖呢？看起来像是一道代数题。

读到这里，我居然真的算了算，发现这条狗要被那块口香糖折磨 49 年，真倒霉……

接下去作者用科学的方法回答了这个问题：虽然口香糖不能被消化，但制造口香糖会用到一种人造糖精——山梨糖醇，而这种东西是可以通便的。所以，你根本不用担心那块被误食的口香糖，明天它就会被冲进下水道了……

这本书回答了 100 个说大不大、说小也不小的人体生理问题，有很多都曾经困扰过我很长时间。比如：天冷的时候人为什么会磕牙？冷饮喝得过快为什么会头疼？微波炉是否会致癌？打哈欠为什么会传染？酒掺着喝为什么更容易醉？人吃了芦笋为什么会撒出怪味尿？等等。关于最后一个问题，作者是这样回答的：

芦笋含有硫醇，大蒜、洋葱和臭鸡蛋中也都含有这种物质。人体内有一种酶可以把硫醇分解为硫化氢，所以会有臭味。根据一项研究显示，只有 46% 的英国人体内含有这种酶，法国人则 100% 都有。下面请自己编写一个关于法国人的笑话……

这最后一句话就是本书最重要的特点——幽默。原来，该书的作者之一马克·雷纳是职业作家，他从小就喜欢医学，出版的第一本书的名字就叫《我的堂兄，我的肠胃病专家》。雷纳曾经在药店当过售货员，经常有顾客把他当医生，询问各种有趣的医学问题。一次他在为 ABC 电视台的一个医院主题的剧本做调研的时候认识了急诊室大夫比利·哥德堡，后者渊博的知识和对待病人的宽厚态度吸引了雷纳，两人成为朋友。这本书的主题就是在两人的一次闲谈中诞生的。

由于雷纳的加盟，这本书的叙述少了枯燥的说教，多了许多冷面滑稽，读者在哈哈大笑之后潜移默化地学到了很多有用的知识。比如，该书告诉读者：被毒蛇咬了之后不要用嘴吸出毒液，那是好莱坞电影的做法，不但没用，而且会引起感染。正确的做法是用肥皂清洗伤口，把被咬的部位固定在心脏的位置以下，然后赶紧去叫医生。再比如，在公共厕所出恭会不会感染性病？为了准确地回答这个问题，两人专门做了研究，结果发现，一张办公桌上能找到的致病细菌竟然是公共厕所马桶圈的400倍！当然了，这是美国的数据，谁来考察一下中国的情况？

这本书一个月前出版时只印了1.5万册，现在的印数已经超过了47万册，名列《今日美国》畅销书榜单的第七名。这本书的畅销说明科普作家也可以挣大钱，就看你写什么，怎么写了。

想知道男人为什么长乳头吗？书中给出的答案是这样的：原来，男人女人在发育初期是没有区别的，人类胚胎直到第六周时性别染色体才开始表达，而乳头在第四周的时候就已经成形了。不过，这个解释只是告诉读者男人的乳头是怎么长出来的，没有说明男人究竟为什么会长乳头，因为它们似乎既不符合神创论，也不符合进化论。很难想象上帝这个万能的建筑师会允许这对没用的器官存留世上，而多年的进化居然也没有把它们进化掉，似乎也是个奇迹。其实，男人的乳头恰恰说明了进化论的正确。按照达尔文的解释，进化是在自然选择的压力下发生的。男人的乳头虽然没用，可也没害，自然选择的压力是不存在的。所以，大自然允许大多数雄性哺乳动物保留了乳头。而且，如果你仔细观察的话，还会在动物身上发现很多类似的无用器官。所以说，进化的原则不是追求完美，而是讲究实效。

（2005.9.12）

甲基安非他明——世界头号毒品？

安非他明造成的危害远比大麻厉害。

"二战"时，凡是和德军交过手的人都惊讶于德国士兵的勇武，他们仿佛不知疲倦，跟在装甲车后面一走就是一整天，到了地方居然不用休整，立刻就能投入战斗。好像他们不是肉人，而是一架架机器。"二战"结束多年之后，关于德军使用兴奋剂的报道逐渐浮出水面。2003 年，德国出版过一本名叫《"速度"的纳粹》的书，收集了所有关于这方面的报道。2004 年德国《明镜》又刊登了一系列纪念"二战"结束的回忆录，其中就有一篇专门讲希特勒强迫士兵服药的文章。这种药就是甲基安非他明（Methamphetamine）。

2003 年公布的一份调查报告表明，全世界服用最多的毒品是大麻，共有 1.63 亿人吸食过。安非他明（Amphetamine）排在第二位，大约有 3400 万人经常服用，其中以美国的瘾君子人数最多。众所周知，美国是世界上毒品问题最严重的国家，超过一半的监狱犯人都和毒品有关。2005 年 7 月美国郡县联合会公布的一份调查报告显示，美国大部分郡县的警察局都把安非他明看成是危害最大的毒品。因为虽然吸食它的人数不如大麻多，但它所造成的危害远远比大麻厉害。

为什么这么说呢？这就要从一百多年前讲起。安非他明是一种人工合成的小分子化合物，属于神经兴奋剂。1887年德国科学家首先合成了安非他明，但它被当作兴奋剂使用则是从 1920 年开始。如今瘾君子们最喜欢的甲基安非他明最早是在 1919 年由日本人首先合成的，这是安非他明的衍生物，简称 Meth 或者"速度"（Speed）。Meth 毒性更大，合成起来也更容易。

服用安非他明可以使人精神保持亢奋，对周围环境更加警觉，而且如果服用剂量足够大，这种状态能够保持 24 小时以上。难怪当初希特勒知道了此药的效果后，立刻决定生产大量的甲基安非他明供德国士兵服用。这种药使德军的行军速度加快了许多，后来人们干脆把此药叫作"速度"。虽然盟军中也有人使用"速度"，但在"二战"时"速度"最主要的使用者是德军和日军，可以说早期轴心国军队在军事上的胜利与"速度"的广泛使用有一定的联系。可是，和大多数兴奋剂一样，安非他明用多了人体就会产生耐受性，需要的剂量也会越来越大。因此德国科学家又想到了海洛因，便以它为主制造出一种新的兴奋剂，并首先在集中营里拿犯人当试验品。幸好这种被命名为"D-IX"的新药还没等通过验收，"二战"就结束了。

德国军队的"神药"让盟军开了窍，美军就曾在后来的几次战争中多次使用兴奋剂提高战斗力，以至于战争结束后，怎样让回家的士兵戒毒反而成了最棘手的事情。不过，兴奋剂用多了也会惹麻烦，安非他明就会让服用者患上"妄想症"，看谁都像敌人。据说伊拉克战争中美军误伤加拿大士兵的那次"事故"，就是因为当事者服用了大量安非他明所致。

安非他明的"神力"在和平年代也派上了用场。很多考试前抱佛脚的差学生，夜里开长途的卡车司机，甚至需要加班的民航飞行员都喜欢它。有人曾信誓旦旦地说，安非他明比咖啡因效果好很多，而且不上瘾。确实，安非他明的生理成瘾性不强，远不如咖啡因。但安非他明能让人产生愉悦感，很容易使服用者对它产生严重的心理依赖，因此相当危险。

安非他明比大多数毒品都便宜，因为它很容易合成，几种市面上买得到的感冒药就可以作为原材料，所以美国到处都是制作安非他明的小作坊。2005年7月底美国参议院通过了一项法律，以后购买感冒药的人也必须出示身份证并进行登记，看来美国政府真的下决心要治一治"速度"了。2004年，斯坦福大学的科学家用核磁共振的方法研究了甲基安非他明成瘾者的大脑，发现这些人大脑中主管感情和记忆的部分有超过10%的神经细胞都被杀死了。这则消息在媒体上广为宣传，显然美国政府终于打算尝试用科学而不是行政命令来解决毒品问题了。

如果这个实验结果是正确的，当初法西斯在"二战"中失利显然是有原因的：他们不但都成了冷血动物，而且都得了健忘症。

（2005.8.15）

附：2008 年开播的美剧《绝命毒师》里老白制造的蓝色毒品就是甲基安非他明。

可卡因的形象工程

人类使用可卡因已有很长的历史。

最近国际时装界最大的新闻不是 H&M 即将推出新的时装系列，而是原本为这个系列做形象代言人的著名模特凯特·莫斯公开承认自己服用了可卡因。作为欧洲最大的时装连锁店，H&M 立即终止了与莫斯的合同。H&M 发言人表示："H&M 的形象代言人必须是健康、诚实和可靠的。"

有趣的是，这次时装展览的设计师斯泰拉·麦卡特尼是前"披头士"乐队的贝斯手保罗·麦卡特尼的女儿，当年"披头士"走红的时候，这位贝斯手曾经因为毒品问题被抓过无数次，甚至还因为私藏大麻蹲过九天日本监狱，说他是20世纪六七十年代的毒品代言人一点也不过分，以他为代表的一批摇滚歌手为毒品在西方的泛滥立下了汗马功劳。如今这一现象丝毫没有改变，莫斯小姐虽然失去了 H&M 的巨额合同，但仍然日进斗金。由她代言的 Dior 和 Calvin Klein 各自拥有一款香水，名字分别叫作"上瘾"（Addict）和"渴求"（Crave）。她还拍过一个香水广告，名字干脆就叫

"鸦片"。内行人都知道，时装行业与毒品有着密不可分的联系，几乎所有的模特私下里都是可卡因的瘾君子，她们把可卡因称作"A级药物"。这些漂亮的模特已经代替了长相通常很猥琐的摇滚音乐家，成为可卡因新的形象代言人。

从历史上看，可卡因并不总是有如此好的运气。可卡因是天然物质，大量存在于南美洲的古柯叶子中。南美山区的印第安人很早就有咀嚼古柯叶的习惯，他们认为古柯叶能让他们在爬山时体力充沛，这些皮肤黝黑、瘦小精干的当地人可以说是可卡因的第一批形象代言人。当西班牙殖民者入侵南美洲之后，侵略者们看不起这些"未开化"的原住民，认为古柯叶的功效只是当地人的偏见或者误解。因此在很长一段时间里这些傲慢的西班牙人都没有去碰它们。后来当西班牙人终于体会到了古柯叶的效力之后，他们开始向古柯叶买卖强行征税，这笔税金是当初天主教在南美传道主要的资金来源。

1855 年，德国科学家首先从古柯叶中提炼出功能成分——古柯碱。1860 年，另一位德国科学家改进了提炼方法，并首次把古柯碱命名为可卡因。欧洲医生们发现可卡因能够使人产生愉悦感，有很强的提神功效，因此可卡因很快就在欧洲流行开来，甚至成为治疗海洛因上瘾的药物。著名心理学家弗洛伊德不但自己经常服用可卡因，而且还试图用可卡因治疗好友的海洛因瘾，结果却使那个可怜的人变成了海洛因和可卡因的双重瘾君子。

除了弗洛伊德以外，还有很多达官显贵是可卡因的忠实"粉丝"，其中包括英国女王、天主教教皇以及美国前总统格兰特。古柯叶还被用作一种葡萄酒的原料，自由女神像的设计者法国人巴托尔蒂曾经对朋友说，如果他早点喝到这种可卡因酒，他就会把女神像设计得更高一些。

　　有了这批名人为其代言，可卡因终于在欧洲流传开来，1886年第一瓶可口可乐诞生的时候，其中就含有可卡因，直到1906年才因为美国国会颁布的"提纯食品药品法案"而改用不含卡因的古柯叶。这项法令的颁布标志着可卡因的代言人从社会显贵演变成了"野蛮黑人"。原来，医生们发现，可卡因除了能让人愉悦之外，还会使人产生短暂的情绪失控，并会导致服用者上瘾。就在此时，一直在北美从事体力劳动的贫穷的黑奴发现了这种廉价的兴奋剂，他们学会了用可卡因来增强体力，也学会了从可卡因中寻找廉价的快乐。从此，白人主流社会对待可卡因的态度来了个180°大转弯，不断有媒体报道说黑奴因为服用了可卡因而产生了暴力倾向，强奸了白人妇女。

　　事实上，当初很多毒品的被禁都与种族歧视有关。禁可卡因是对黑人的歧视，禁鸦片是对华人的歧视，禁大麻是对墨西哥人的歧视。再后来，这些毒品因为致幻的功能，而被很多艺术家所喜爱，尤其在音乐领域更是如此。70年代兴盛一时的迪斯科就与可卡因的流行有很大的关系，迪斯科俱乐部里那些不顾一切地放纵自己的舞者就成了可卡因的新一代代言人，是他们把可卡因变成了时髦的"派对 A 级药物"，流行开派对的时装界因此也就成了可卡因最泛滥的地方。

可卡因能够抑制食欲，因此深受模特们的拥戴。前文那位 H&M 发言人所说的"健康"的代言人其实都是可卡因塑造出来的，那些瘦得"令人嫉妒"的模特正好反映了整个时装行业的虚伪和空虚，模特用自己的生命作为代价，为老百姓虚构了一个"健康"的形象，为老板赢得了大量金钱。作为可卡因的代言人，凯特·莫斯只不过是商业游戏中的一个牺牲品而已。

（2005.10.3）

一觉醒来，火星到了

有一个办法十分诱人，就是让宇航员冬
眠到达遥远的火星。

2006 年 3 月，美国航空航天局（NASA）发射的一颗探
测卫星终于进入了火星轨道，即将开始为期四年的科学考
察。这颗探测卫星是 2005 年 8 月份就发射了的，假如这是
载人飞行的话，为期半年的长途旅行要耗费大量的食物和
水，目前没有任何火箭能够产生足够的推力把这些给养送到
遥远的火星上去。怎么解决这个难题呢？有一个办法十分诱
人，那就是让宇航员们冬眠。

其实，冬眠这一招很早就被科幻小说家想出来了，不少
以星际旅行为主题的电影里都出现过类似情景。不过宇航界
一直没有下大力气去研究，毕竟人类目前的技术手段最多只
能把宇航员送到月球这样的近距离目标，犯不上冒那么大的
风险。但是按照 NASA 最近提出的火星计划，需要一次送六
名宇航员去火星，单程就需耗时六个月，先不说食品、氧气
和水的供应问题，光是解决这些宇航员因长期封闭所产生的
心理问题，就足够 NASA 忙活的。于是，这个冬眠计划终于

被提到议事日程上来了。

其实，早在 2004 年，欧洲宇航局就公布了一项研究成果，提出一种名叫 DADLE 的类似鸦片的化学物质能够诱发松鼠进入冬眠期。但是这项实验从理论上讲并没有太大的突破，因为松鼠本来就会冬眠，科学家对一些已经失去冬眠能力的哺乳动物更感兴趣。

2005 年，美国西雅图一家癌症研究所的科学家马克·罗斯终于做到了这一点。他领导的科研小组成功地诱导大鼠进入了冬眠期，而且所用的诱导剂也是一种哺乳动物自身就能产生的化学物质：硫化氢（H_2S）。稍微有点生化常识的人都知道，硫化氢是一种有毒气体，普遍存在于下水道和石化工厂的"酸性气田"中。它能够和细胞色素 C 氧化酶结合，而这种对新陈代谢很重要的蛋白质通常都是结合氧气的，于是硫化氢剥夺了细胞利用氧气的能力，这一原理非常类似于一氧化碳（煤气）中毒。

那么，这种毒气怎么会诱导冬眠的呢？事情还得从一种线虫说起。罗斯的研究小组发现，绝对无氧的环境可以诱发线虫进入冬眠状态，再恢复供氧后也不会对线虫造成损伤。但是，微量的氧气（0.01% ~ 0.2%）却会让发育中的线虫试图继续发育的过程，结果则是致命的。这种低氧环境非常类似于人类的缺血状态，因为即使把人放在完全没有氧气的屋子里，人血液中剩余的氧气也将使人体组织无法达到完全无氧的状态。因此，低氧状态下线虫的死亡和人类在缺氧状态下的死亡是很类似的。

那么，怎样才能使人体组织处于完全缺氧的状态呢？美国匹兹堡大学的科学家曾经做过一个有名的实验，他们先通过诱导的办法让实验狗心脏停搏，然后用低温生理盐水为这些狗施行换血，生理盐水携带氧气的能力比血液低很多，因此狗组织中的含氧量被显著地降低了。这些狗丧失了意识，不再有呼吸和心跳。然后科学家再用输血的办法使狗苏醒，这些狗没有一只表现出任何损伤。很显然，完全无氧状态能够诱导像狗这样的高等动物进入冬眠状态。

但换血这个办法太过麻烦，危险性也大。有没有更好的办法呢？有，那就是使用氧气的竞争剂。大部分这类竞争剂都是有毒的，因为它们会妨碍细胞利用氧气产生能量的过程。一氧化碳就是这样一种知名度很高的竞争剂，但是它结合血红细胞的能力太过强大，因此罗斯他们只好尝试使用其他的氧类似物。硫化氢属于常见的工业毒气，有关它的资料和数据十分详细，因此它被选中了。

罗斯把大鼠暴露于高达80%的硫化氢气体中，结果大鼠的体温很快下降，最后稳定在比环境温度高2℃的地方。它们的二氧化碳排放量显著降低，最终可降低10倍，显示它们的新陈代谢速率降到了正常大鼠的1/10。这些大鼠均停止了活动，表现出意识丧失的状态。换句话说，原本不会冬眠的大鼠被硫化氢诱导进入了冬眠期。

那么，这种冬眠状态是被动诱导出来的，还是大鼠体内本身就有的一种应急功能呢？罗斯认为是后者。他在论文中指出，地球上的早期生命所处的环境和现在很不一样，那个时候地球上只有硫化氢，生物只能利用硫化氢来产生能量。随着氧气量的增加，生物逐渐进化出了氧代谢，但是仍然保留了硫代谢的机制。事实上，氧代谢和硫代谢从机理上看十分相似，至今人体还会自发产生硫化氢，只不过此时的硫化氢所扮演的角色发生了转变，变成了氧代谢的拮抗剂。当细胞缺氧或者用氧过度时便会自发产生硫化氢，通过和氧气竞争来减缓氧代谢的速率。也就是说硫化氢的这种平衡功能其实是细胞固有程序的一部分。

这个例子再次说明，从进化的角度看问题是一种很有用的思维方式，很多看似奇怪的生命过程都可以从进化中找到答案。

这项实验意义重大，也许在不远的将来，我们将能够读到下面的报道：铃铃铃……闹钟响了。宇航员一觉醒来，火星到了。

（2006.3.27）

漫长的残留

姑且不谈转基因是否安全，让我们换一个角度，看看不转基因是否会更安全。

不久前，绿色和平组织指控亨氏米粉含有转基因成分，虽然农业部的检测结果还没有出来，但不少城市的消费者已经闻风而动，亨氏产品遭到了顾客的变相封杀。与此同时，又一轮关于转基因食品是否安全的大讨论正在民间热火朝天地展开。

转基因作物有很多不同的类型。如果只是单一地提高产量或者提高某类营养成分的含量，争议还不是很大，毕竟增加的是原来就有的成分。目前对转基因产品的争议主要集中在抗病虫害领域，因为这种转基因作物将会生产出新的蛋白质，这次亨氏米粉就是因为被怀疑带有转 BT 基因抗虫水稻成分而受到了质疑。

但是，虫害总是存在的。在没有找到更好的方法之前，不转基因就只有洒农药。和转基因不同的是，大多数农药都是人工合成的化学物质，其在食品中的残留物对人体是有毒的。有一类很常见的农药会干扰人体内分泌系统，近来受到很多科学家的关注。下面要讲的这个故事就发生在一个研究这类农药的实验室里。

美国华盛顿州立大学有一个"生殖生物学研究中心"，主任麦克·斯金纳（Michael Skinner）带领一批研究人员试图找出农药对哺乳动物生殖系统的影响究竟有多大。他们试验了两种常见农药，一种名叫"免克宁"（Vinclozolin），是葡萄园里常用的一种抗真菌农药。另一种是"甲氧滴滴涕"（Methoxychlor），一种用来代替滴滴涕（DDT）的杀虫剂。他们把大剂量的农药注入怀孕的雌鼠体内，然后观察第二代雄性老鼠的精子质量。结果发现，第二代雄鼠的精子数量下降，游动速度也明显降低了。

2001年的某一天，斯金纳手下的一个女博士后敲门进来，不好意思地向老板报告说，她不小心让一对第二代小鼠交配了。斯金纳本来没计划这样做，因为科学界公认这类农药不会改变小鼠的DNA顺序，因此也就不具有遗传性。但是出于好奇，斯金纳没有指责她，而是让她继续观察。结果令他们大吃一惊，第三代雄鼠的精子质量仍然受到了影响。要知道，它们的父母（第二代小鼠）从来没有接触过农药，也就是说农药的效果有了遗传性。这个发现违背了当时已知的所有生物学定律，因此斯金纳没敢贸然发表结果，而是继续做重复实验。结果更加令人惊讶，农药的效果竟然一直延续到了第四代小鼠身上。

按照经典遗传学的说法，后天获得的性状是不会遗传给下一代的，除非父母的生殖细胞的 DNA 顺序发生了改变。进一步分析表明，这两种农药确实没有改变雌鼠的 DNA 顺序。那么，农药究竟改变了什么呢？经过四年的研究，斯金纳终于发现了其中的秘密。原来，农药改变了母老鼠 DNA 的修饰方式，或者准确地说，农药改变了 DNA 的甲基化。2005 年，斯金纳在国际知名杂志《科学》上发表了研究成果，在生物学界引起了很大的轰动。

其实，DNA 甲基化并不是什么新东西。科学家早已知道，DNA 分子上的某些部位可以被安装上一个甲基，这些小装饰会改变基因的活性，比如原本一直在活跃地生产蛋白质的某个基因会因为甲基化而被关闭。科学家还知道，甲基化以及其他一些 DNA 修饰方式是生物体调节基因功能的常用手段之一。越来越多的证据表明，一些常见的由环境引起的癌症和免疫疾病都与 DNA 修饰有关。

但是，以前科学家并不相信 DNA 修饰能够遗传给后代，斯金纳的发现改变了人们的看法。如果翻译成通俗的语言的话，这项实验等于是说：假如你祖母接触了某种农药，那么你就有可能患上癌症。或者，假如你接触了某种有害的化学物质，那么你的重孙子也会得病。而所有这一切都与 DNA 顺序的改变无关。遗传学家发明了一个新名词用来描述这一新兴学科："表观遗传学"（Epigenetics）。很显然，这一新领域对遗传学、生理学和生物进化的研究都将产生重大的影响。

再回到农药的话题。从前人们判断一种农药是否有毒的主要证据之一就是它是否能够改变 DNA 顺序，因为基因突变被公认为是导致癌症的主要原因。科学家为此设计了一系列标准化实验，一种农药如果能够通过这些实验，就会被视为"不致癌"。"表观遗传学"改变了这一规则。按照这一新规则，很多目前常用的农药很可能都是有害的，因为农药残留会通过改变 DNA 修饰的方式导致癌症和其他疾病，并会把这种影响遗传给后代。

没人敢说转基因 100% 无害，但是不用转基因而导致的农药滥用肯定是有害的，而且其危害还在进一步扩大。

（2006.4.3）

人人都是种族主义者

种族歧视存在于人的潜意识中。

这届世界杯八强赛有个特点，每场比赛之前都会举行一个反种族主义的仪式。可是，我们却经常会在报道中看到这样的文字：意志顽强的德国战车怎样怎样，生性奔放的巴西人如何如何，狡猾的葡萄牙人如此如此……这些加在国家名称前面的修饰语被无数球迷和球评们不假思索地用在了文章里，他们有没有意识到，这其实是一种种族主义偏见？

哈佛大学心理学系的研究人员玛扎琳·巴娜吉（Mahzarin Banaji）肯定意识到了。她来自印度，从大学起就对印度社会普遍存在的歧视现象深恶痛绝。后来她移民美国，和另两位科学家一道开创了一门新理论，叫作"内隐歧视"（Implicit Prejudice）。这个理论认为，人在理智的时候也许不会认为自己有种族歧视的倾向，但是在他的潜意识里，这种歧视广泛存在。我们的大脑会不自觉地把某些东西联系在一起，比如肤色和暴力倾向，国籍和贫富程度，甚至肥胖和性格差异，等等。

这种联系很隐秘。为了测量它，巴娜吉等人发明了一种"内隐联系测验"（ITA），并于 1998 年把它放到了哈佛大学的网站上（http://implicit.harvard.edu/implicit/）。迄今为止，全世界已经有超过 300 万人次做过这个测验，统计结果令人震惊。比如，有超过 75% 的白人和亚裔受试者倾向于把白人的价值观放在黑人之上，而在黑人受试者中这个比例居然也达到了 50%。另外，这个测试还可以测量人们对年龄和性别的"内隐歧视"程度，结果也说明大多数受试者倾向于喜欢青年人多于老年人，喜欢男性多于女性。

这个测试目前已经有了中文版，测试内容包括体型、种族、性别、年龄、性取向和国家这六大项，测一次大约需要 10 分钟。其中"国家"这项，就是当今中国人非常热衷于讨论的"中美关系"。测试分成四步：第一步，屏幕上依次出现代表中美两国的符号，受试者以最快的速度把它们分类，比如五星红旗归中国，星条旗归美国；第二步，把一些意义明显的名词分类，比如鲜花归"好"，痛苦归"坏"；第三步，"好"和"美国"被预先分在了同一区，然后那些名词和中美符号交替出现，受试者必须尽快把它们分在不同的区；第四步，"好"和"中国"被分在同一区，然后重复第三步的测验。最后，计算机统计出受试者在第三、四步中做出每次选择所需的时间，如果受试者在第三步时的反应时间快于第四步，就说明受试者更容易把美国和"好"联系起来，换句话说，受试者在潜意识里倾向于喜欢美国。

其他五项测试的原理与此类似，测的都是受试者对不同符号的反应时间。虽然有专家说这项测验很难造假，但确实有一些"老炮"们留言说，他们可以很轻易地造假，想要什么结果就是什么结果。从这些留言来看，上文所说的统计结果很有可能不够准确。

那么，抛开有些人故意造假的因素，这项测试是否有意义呢？

反对者说，影响测验结果的因素太多，比如受试者对符号的熟悉程度（比如对星条旗不熟悉）就会影响受试者的反应时间。还有一些反对者认为，这项测验虽然能够测出受试者的潜意识，但这与受试者日常生活中是否真的歧视没有直接的联系，因此意义不大。

支持这项测验的人则认为，"内隐歧视"确实存在，而且在人们的日常生活中扮演了很重要的角色。不但如此，支持者们还认为，人一旦形成了偏见，就很难被改变。为了证明这一点，科学家们找来一群大学生，给他们讲述了一个编出来的故事：两个名字古怪的部落（姑且命名为 A 和 B）在一块土地上生活，A 部落好战，残酷无情，B 部落爱好和平，性格善良。讲完这个故事后，受试者被要求做"内隐联系测验"，结果大多数人都在潜意识里喜欢 B。然后实验者又对另一组大学生重复了这个试验。不同的是，在讲完部落的故事后突然告诉受试者，那个故事里的部落名字被搞错了，A 其实才是那个爱好和平的部落。然后，受试者又被要求做 ITA 测验，结果他们仍然偏向 B。虽然他们在事后的访谈中都认为自己喜欢 A。

这个测验暗示，人的"内隐歧视"起源很早，很可能在他刚懂事的时候就在潜意识里种下了种子。巴娜吉等人正在和灵长类动物专家合作，研究人类的"内隐歧视"是否隐藏在 DNA 中，换句话说，"内隐歧视"是否对人类的生存有帮助。

不管双方争论的结果怎样，可以肯定的是，随着"内隐联系测试"的普及，将会有越来越多的人被贴上"潜意识歧视"的标签，甚至有人开始担心这项测验本身会给受试者带来新的歧视。不过，一些心理学家指出，潜意识里的歧视和实际生活中的歧视完全不同，人类完全有能力通过加强教育等办法，在现实社会中彻底消除歧视现象。

到那时，球评家们只能说：葡萄牙队的小小罗非常狡猾，但葡萄牙人是否狡猾我们不清楚。

（2006.7.17）

博客的未来

有朝一日，每个人都会有一本数码日记，
记录这辈子听到的每一个声音，说过的
每一句话，看到的每一个场景。

"你们把外衣拿过来。"

"你们俩把外衣拿过来。"

这两句话听上去区别不大，但是美国芝加哥大学心理学家拉奎尔·克里班诺夫（Raquel Klibanoff）在《发育心理学》杂志撰文指出，幼儿园老师如果都习惯用第二种方式说话，尽可能地多用数字，那么他班上的孩子在数学方面的技能就会提高得更快。

这个结论看似简单，但证明起来很麻烦。克里班诺夫选择了一所幼儿园，给26名老师配备了麦克风，把他们的讲课都录下来。学期结束后，他测量了孩子们的数学能力，再和录音做对比，发现了上述规律。

这件事有趣的地方在于克里班诺夫采用的实验方法。当过记者的人都知道，整理采访录音是一件让人头疼的工作。想象一下，把26名老师一个学期里说的所有的话录下来，数据量很大。依靠人工方法统计出数字出现的频率，更是一项耗时费力的苦活。所以，在计算机出现前，类似研究难度极大，几乎不可能实现。

不过，这个小实验的难度毕竟还是可以想象的。假如有人想研究一下婴儿是怎么学会说话的，那他最好的办法就是分析这个孩子从生下来那天开始，都听到了什么，看到了什么，对这些外部刺激做出了怎样的反应，等等，并从中找出规律。

想象一下，这个实验能做吗？

美国麻省理工学院（MIT）的教授德布·罗伊（Deb Roy）认为这是可行的。2005年4月，罗伊的妻子（也是一名生物学家）为他生了一个儿子。在MIT媒体实验室同事们的帮助下，罗伊在自家的所有房间里安装了14个麦克风和11个数码摄像头，每天录12～14个小时，一直坚持到现在。他打算一直录到2008年，估计到那时候，3岁的儿子应该能说复杂的语句了。

这可不是光靠毅力就能完成的工作。要知道，罗伊家里的这套监听设备每天产生的数据总量是350G。为了储存这些数据，MIT媒体实验室专门为他准备了一台Peta级别的存储器，1 Peta等于100万G，也就是说，如果你使用的电脑硬盘是100G的，你需要1万台这样的电脑才能装下1 Peta的数据。

储存这些数据甚至也不算什么，你能想象一下科学家们怎么去分析这些数据吗？三年后，罗伊手里将有40万个小时的录音录像，估计就连罗伊自己都会对儿子的模样和声音烦得要死了。分析这么多数据只有依靠计算机，而且必须设计出非常聪明的程序，找出有用信息，分析其中的规律，发现婴儿学习语言的奥秘。

罗伊的最终目的是想建立一个"信息库"，包含了儿子经历的所有感观刺激的全部信息，然后再编出一个程序，让计算机运用这个信息库，模仿婴儿的学习过程。

这个实验有个名称，叫作"人类语言组计划"（Human Speechome Project）。这个"语言组"是一个生造的词，其定义和"基因组"（Genome）类似，是指人类语言的所有组成部分。科学家的最终目的是想建立人类的"语言库"，用计算机来研究语言的演化。

这两个英文单词有一个共同的后缀 -ome，这三个字母在科学界出现的概率越来越高了。有很多领域都借鉴了当初"人类基因组"计划的思路，也就是说，充分利用计算机的海量储存和超级计算能力，把研究对象的所有信息收集在一起，做成一个"库"，然后通过分析这个"库"，得出有用的结论。

既然如此，罗伊为什么决定在儿子 3 岁时就终止这个实验呢？这主要是因为到那时儿子该整天出去疯玩了，他的监控系统没法跟着走。微软公司的研发部门试图解决这个难题，他们实施了一个新计划，叫作"我的数码生命"（My Life Bits）。目的就是为成年人设计出一套方法，收集与他有关的所有信息，包括他遇到的所有人，说过的所有话，浏览的所有页面，甚至包括他没有意识到的信息，包括每天的心跳、血压、空气中二氧化碳的含量、血糖浓度等这些与健康有关的数据。微软认为，这些数据很可能会对医生诊断病情有帮助。

如果这个计划获得成功，也许过不了多久我们每个人都会有这样一本"数码日记"，不但记录下每天的感受，而且还会记录下每天发生在自己身上的所有事情。这样的一个"博客"需要多少容量呢？微软的工程师为我们算了一笔账：假如你想存下你每天读到的所有东西，听到的所有声音（每天8小时录音），看到的代表性场景（每天10张照片），而且想一直存上60年，那么你只要花600美元去美国商店里买一个1000G的硬盘就可以了。

专家估计，20年之后600美元可以购买一个25万G的硬盘，到那时，你生命中发生的每一件细小的事情都可以被储存起来。如果再配备一台功能强大的计算机和一个设计精妙的搜索系统，你就随时可以回忆起生命中任何一天的所有细节。

也许这才是博客的未来。

（2007.4.2）

附：本文描述的"未来"已经发生了，这就是目前炙手可热的新词：大数据。

懂数学的蝉

夏天是属于蝉的季节，蝉的叫声是每个慵懒夏日的背景音乐。但是美国有一种蝉，17 年才叫一次，像钟表一样准确。

世界上有三千多种蝉，绝大多数都是一年生的，每年繁殖一次。也有不少蝉以 2 ～ 4 年为一个周期。1633 年，有人描述过一种产自北美的蝉，周期极长。但直到 18 世纪初期，美国的昆虫学家才最终确定了这种蝉的周期——17 年。一百多年后，又有一种周期为 13 年的蝉被发现。科学家把这两种奇怪的蝉统称为"周期蝉"（Periodical Cicadas）。

这种蝉总是在 5 月下旬开始破土而出，沿着树干爬到高处，发出疯狂的求偶叫声。它们必须抓紧时间找到伴侣，因为大自然留给它们的交配时间只有一个星期。之后，雌蝉把卵产在树干内便死掉了。经过 2 ～ 8 周的孵化，幼虫破壳而出，掉到地上，钻进土壤，依附在大树的根部，一边吸食植物汁液，一边等待时机再次破土而出。

这一等就是 16 年（或者 12 年）。

其实，17 年蝉早在第八年的时候就已经完全成熟了，但它们体内似乎有个钟表，不断提醒它们要耐心等待。直到第 17 年的那个夏天，蝉们好像约好了似的，一起冲出地面，完成新的一轮生命周期。

一般情况下，一个地区只生活着一种周期蝉，科学家按照它们的出土日期和分布范围，把北美的周期蝉分成了大约 15 个按照罗马字母命名的"窝"（Brood）。比如，2004 年出现在美国东部大部分地区的周期蝉是第 10 号窝，这一窝蝉数量最多，分布最广，是研究得最透彻的窝之一。

科学家首先想弄明白的问题是：这种蝉为什么选择在地下生活那么多年？这样做肯定会减少繁殖的效率。这个问题现在基本上有了定论。原来，周期蝉最早出现在大约 180 万年前，那时北美正处于冰河期，气候极不稳定，经常会遇到冷夏。成年蝉需要很高的气温，假如它们出土后正好遇到低温，就死定了。科学家经计算发现，假如在 1500 年的时间里每 50 年出现一次冷夏，那么 7 年蝉的成活率是 7%，11年蝉的成活率是 51%，17 年蝉则是 96%。显然，周期越长，成活率就越高。

下一个，也是最有趣的问题是：周期蝉的周期为什么总是质数？

众所周知，质数是除了它自己和 1 以外无法被任何整数整除的数。有一种理论认为，周期蝉为了避免相互争夺粮食，便进化出质数周期，减少了相遇的次数。比如 13 年蝉和 17 年蝉每 221 年（13 乘以 17）才会同时出现一次。

可是，这个理论禁不起推敲。事实上，13 年蝉和 17 年蝉各自有自己的活动区域，两者很少重叠。1998年在密苏里地区出现过一次第10号窝和另外两窝13年蝉同时出现的奇景，但是这种情况很少发生。另外，蝉的大部分时间都生活在地下，相互争夺最厉害的食物应该是植物的根，这和它们的生命周期就没什么关系了。

1977年，著名古生物学家史蒂芬·杰·古尔德（Stephen Jay Gould）提出了一个新假说，认为周期蝉这样做是为了避开自己的天敌。他指出，很多蝉的天敌也有自己的生命周期，假如周期蝉的生命周期不是质数，那么就会有很多机会和天敌的周期重叠。比如12年蝉就会和周期为2、3、4、6年的天敌重叠，被吃的可能性就要大很多。

2001年，德国科学家马里奥·马科斯（Mario Markus）设计了一个数学模型，间接验证了这一假说。在这个计算机模型里，蝉和天敌们的生活周期一开始都不固定，但是两者都会随机地发生变异。如果周期重叠，蝉就被吃掉。经过多年的演化后，蝉的周期无一例外地会停留在一个质数上。

达尔文的支持者肯定喜欢这个理论，因为它把周期蝉的这个"神来之笔"变成了一个进化论框架下的数学模型。另外，这个理论还产生了一个副产品，那就是"质数生成器"。原来，质数是没有规律可言的，大质数很难找到，需要用计算机一个一个算。现在好了，只要把前提条件变化一下，输入这个"质数生成器"，就能自动得出一个质数来。

这个故事讲到这里似乎很完美了，其实不然，很多昆虫学家仍然有疑问。比如，为什么目前发现的周期只有 13 和 17 两种？为什么大多数蝉的周期并不是这样的？这些疑问都很有道理，但研究起来十分困难。美国康涅狄格大学的生物学家克里斯·西蒙（Chris Simon）认为，马科斯提出的数学模型之所以还没有被证伪，是因为这个理论直到现在还没有办法被验证。比如，科学家一直没有找到周期蝉的天敌，能够符合这个理论的前提条件。所以，只有先搞清周期蝉控制时间的原理，以及它们的遗传方式，才有可能从根本上揭开周期蝉的秘密。已经有科学家利用 1998 年在密苏里出现的那次罕见的重叠，让 13 年蝉和 17 年蝉交配，看看它们后代的周期会变成怎样。

但是，很显然，这项研究需要很长的时间，必须有足够耐心才行。

说起来，周期蝉不能算是害虫，研究它的周期对人类一点实际价值也没有。不过，人类的好奇心是无穷的，科学的发展就是这样，一开始也许只是出于好奇，但没准就能找到一个突破性的大发现，就像那个"质数生成器"那样。

如果你对这个问题有兴趣的话，赶紧去美国的伊利诺伊州吧。按照科学家的计算，一种 17 年蝉的第 13 号窝马上就要在那里出土了！

（2007.5.28）

把根留住

多年生植物的根又粗又长，这一特征在
提倡环保的时代是一个巨大的优势。

全世界种植面积排名前十位的农作物依次是：小麦、水
稻、玉米、大豆、大麦、高粱、棉花、干豆、黍类和油菜，
它们的种植面积占了人类耕地面积的80%以上。这十种
"支柱作物"不但喂饱了人的肚子，而且是人类文明起源的
基石。

美国著名科普作家贾雷德·戴蒙德（Jared Diamond）
在他那本畅销书《枪炮、病菌与钢铁》（*Guns, Germs and
Steel*）中阐明了上述概念。他认为，欧亚文明之所以打败了
美洲、非洲和大洋洲的土著文明，正是因为欧亚人比其他地
方的原住民更早开始了农业生产，大大提高了获取食物的效
率。于是，欧亚人得以解放了大量的人力物力，用来从事非
生产性的劳动，比如科学、文艺和军事。

农业开始于人类对野生植物的驯化。那么，是否可以说
欧亚人比其他人种更聪明，因而更早地掌握了驯化野生植物
的技术呢？戴蒙德认为不是这样的。在他看来，欧亚大陆生

长着更多容易被驯化的野生植物，欧亚人只不过占了天时地利的优势。具体说，欧亚地区的大部分农作物起源于中东的一块月牙形区域，俗称"新月沃地"（Fertile Crescent）。这块地方具有典型的地中海气候特征，每年都有一个短暂的、适于植物生长的雨季，以及一个漫长的旱季。当地野生植物经过多年的进化，逐步适应了这种气候条件。它们在雨季时迅速发芽、长大，根茎部分凑合了事，集中能量生产种子，因为它们必须赶在旱季到来之前开花结果，然后死掉。为了让下一代迅速生长，它们的种子富含营养，因此很适合人类食用。为了能够在缺水的情况下长时间存活，其种皮也变得十分坚硬，很适合储存。事实上，科学家在这片地区发现了很多种类的野生小麦，其形状已经和现代的小麦非常接近了，驯化起来要容易得多。

原始人驯化野生植物的技术含量并不高，他们只需要从一批种子中挑出符合自己需要的，把它们种下去，然后重复这一过程就行了。一年生植物繁殖周期短，进化速度肯定比多年生植物要快。

由此可见，现代农作物之所以大都是一年生的，并不是因为一年生植物有什么独特优势，主要原因是它们比较容易被原始人驯化。事实上，地球上绝大部分地区的野生植物大都是多年生的，比如北美地区，只有不到15%的野生植物是一年生的。

一年生植物有一个致命的缺点：它们的根往往很短，通常只有 30 厘米（多年生植物的根系经常可以达到 2 米以上的深度），吸收不到土壤深层的水分和养料。它们对浅层土壤肥力的汲取是贪婪而又不可持续的，每年都需要翻耕和施肥。于是，一年生农作物的大面积种植加剧了水土流失，增加了农业成本，加剧了环境污染。联合国在 2005 年发表过一份报告，把农业称作是"所有的人类活动中对生态环境和生物多样性破坏最大的一种"。

早在几十年前，就有植物学家开始培育多年生农作物，但收效甚微。决定植物寿命的基因绝不会是少数几个，因此不太可能用转基因的方式解决这个问题，必须依靠老祖宗留下来的两个办法。第一，从多年生野生植物中筛选。这个方法做起来容易，但收效很慢，需要很长的时间。第二，采用杂交的办法，加快筛选的速度。比如小麦就有一些多年生的近亲可以用来进行杂交试验，但是这种方法需要耗费大量人力，杂交一代经常不育，需要采用一些高科技的方法来进行筛选。

不过，这一领域最致命的缺点在于缺乏研究经费。私人企业不太会出钱搞这类研究，因为回报率实在是太低了。目前为止只有国立研究所和一些私人基金会才会资助这类研究。不过，随着全球气候变化所造成的环保意识提升，这方面的研究经费正在成倍增长。

目前已经有不少多年生植物具备了变为农作物的潜力，包括中生小麦草（Intermediate Wheatgrass）、马克西米兰向日葵（Maximilian Sunflower）和伊利诺伊束花（Illinois Bundleflower）等。其中最有可能率先取得突破的是中生小麦草。这是一种原产于欧洲的杂草，根系发达，具有天然的抗杂草能力。这种多年生植物每年都会结穗，种子相对较大，但还需进一步筛选才能具备商业价值。

云南省农业科学院研究员胡凤益等人多年来一直在进行多年生水稻的培育工作，中国在这一领域具有世界领先的水平。

根据乐观估计，要不了 30 年就会出现一批高产的多年生小麦，并在某些土壤贫瘠的地区全面代替一年生小麦。到那时，人类施行了多年的农业耕作模式将会产生一次革命性的变化，春耕、播种、施肥、除草……这些常见的农业操作方式都将成为历史。

（2007.8.20）

道德的起源

越来越多的证据表明，人的道德是与生俱来的天性，与教育和宗教无关。总有一天，道德将被拉下神坛。

不久前，几名襄樊贫困生因为"不知感恩"，被取消了受助资格。某网站做了一次大规模读者调查，结果有大约83%的读者认为应该取消，不少读者评论说：感恩之心是人类共有的一种美德，缺乏"美好道德"的人理应受到惩罚。

道德，可以简单定义为"区分善恶的标准"。善恶的定义在全世界所有的民族中几乎都是相同的，感恩、助人为乐和诚实普遍被认为是善举，伤人、杀人和欺骗则被认为是恶行。

如今流行"道德教育"，那么，道德真的来自后天教育吗？实验证明并非如此。三年前，法国认知科学专家伊曼纽·杜普（Emmanuel Dupoux）曾经对不会说话的婴儿进行过一项心理学实验，证明婴儿在接受教育之前就已经能对他人的痛苦产生厌恶感，这种能力是人类道德的两块基石之一。人类道德的另一块基石就是公平意识。关于这方面的研究甚至已经涉及了灵长类动物。实验证明，就连卷尾猴也不愿接受不公平的交易，而是宁愿选择什么也得不到。

欺骗可以看作是违背公平意识的不道德行为。但是，撒谎者通常可以从撒谎中获得利益，所以有人认为上帝的存在可以让撒谎者感到心虚，从而避免做出违背道德的事情。但是，心理学家设计了很多精妙的实验，证明这种说法是不准确的，宗教并没有扮演"道德监督者"的角色。

说"道德是天生的"，就等于说"道德是可以遗传的"。道德是如何遗传下来的呢？贝灵教授认为，自从人类祖先进化出了语言，一个人的名声便会传播得非常远。如果某人非常诚实，善于合作，具有献身精神，这个"好"名声便会让他受到更多人爱戴，因此也就会有更多的人愿意帮助他。换句话说，道德感强的人在人类的进化史上具有先天优势，好的道德便遗传下来了。

这个说法看似很合理，但却缺乏直接证据。道德真的能遗传吗？道德存在于人脑中的哪个部位？对应于哪些基因？这些问题必须借助高科技手段才能回答。美国哈佛大学心理学系教授约书亚·格林（Joshua Greene）是这类研究的先驱者之一。他设计了一个"扳道难题"，以及一个相对应的"桥梁难题"，让受试者思考。同时，他用核磁共振仪测试受试者的大脑，试图发现解答这两个难题时受试者哪部分大脑最活跃。

具体说，"扳道难题"是一个偏重理性思考的问题。有一辆火车即将行驶到一个岔口，一边的铁轨上躺着五个人，另一边躺着一个人。请问，你会不会扳道，让火车改从一个人的那边通过呢？大多数受试者选择了"会"，因为这样会少死四个人。核磁共振显示，此时受试者大脑中负责理性思维的部分最活跃。

"桥梁难题"则是一个偏重感性的问题。同样是一辆火车驶来，你只有把你的同伴从桥上推下去，让他的胖身体挡住火车，才能挽救铁轨上躺着的五个人的生命，你会选择怎么做？大部分受试者选择了"不会"，任由火车压死五个人。受试者做出这个选择的时候，他们大脑中负责"反应冲突"的"前扣带皮层"（ACC）相当活跃，显示出受试者头脑中的某种情感正在和理性发生激烈的冲突，并最终战胜了理智。

格林认为，这种情感就是道德来源。在"桥梁难题"中，理性的决定（推下胖子）直接违背了人类的道德天性（不能杀人），因此受试者会选择非理性的做法，让道德占了上风。

2007年3月，几名美国科学家对一批脑部发生病变的人进行了类似的道德测试，进一步证明了格林教授的假说。这批病人脑部负责感情的额前正中皮层（VMPC）发生了病变，结果他们都丧失了道德判断能力，在进行"桥梁难题"这类测试时大都倾向于选择理性的做法。

截至目前，科学家一共在人脑中找到了九处与道德有关的区域，显示出道德具有很强的生理学基础。那么，为什么人类要把道德遗传下来呢？格林认为，人类在进化过程中，有几种行为模式非常符合早期原始人的生存需要，它们一旦被作为"道德"固定下来，不但有助于原始人做出正确选择，而且有助于原始人加快选择的速度。

经常有人说，如果全世界所有人都遵循道德的约束，世界将变得美好。但格林教授认为，起源于远古时期的道德基因，在那个时代是有优势的，但却不一定适用于今天的环境。

（2007.9.24）

辣椒新传

辣椒到底抗癌还是致癌?

　　虽然辣椒早在 6000 年以前就被南美洲的原住民栽培成了农作物，但世界的其他地方直到五百多年前才首次尝到了它的味道。1492 年哥伦布发现美洲，回程时候顺便把辣椒带了回去，使之迅速风靡欧洲。葡萄牙人又把辣椒带到南亚，从此便一路北上，从南方进入中国，并成为中餐"五味"中的一员。

　　准确地说，身为"五味"之一的辣并不能算是一种味觉，而更像是一种触觉。辣椒中含有辣椒素（Capsaicin），它能作用于那些本来用于感觉"热"的神经末梢，使人产生被烫伤的错觉。英语里把"辣"叫作"热"（hot），显然是有道理的。

　　测量辣椒的辣度有个指标，叫作史高维尔指标（Scoville Scale）。这是美国化学家维尔波·史高维尔（Wilbur Scoville）于 1912 年发明的，他用糖水稀释辣椒提取物，然后请人品尝。如果稀释到 1000 倍后终于尝不到辣味了，那么该辣椒的"辣度"就是1000。后来又有人发明了测量辣椒素含量的化学方法，但史高维尔指标仍然沿用了下来。

一般人能忍受的辣椒辣度大概在1万以下，西餐中常见的红色Tabasco辣椒酱的辣度为2500～5000，而防身用辣椒喷雾器的辣度是200万！

虽说不少中国人吃菜嗜辣，川菜在世界上也很有名，但最辣的辣椒却不产在中国。南美人更喜欢吃辣椒，产自墨西哥萨维纳·哈巴内罗（Savina Habanero）的红椒曾经保持了13年的"世界辣椒冠军"头衔，它的辣度是57.7万。2000年时，有个印度机构测量了一种产自印度东北的辣椒的辣度，得出的数值为85.5万。这种辣椒名叫Naga Jolokia，当地人叫它"鬼椒"。这个消息被美国新墨西哥州立大学的"辣椒学院"知道了，这个学院研究了一百多年辣椒，该院院长保罗·波斯兰（Paul Bosland）想方设法搞到了几粒"鬼椒"的种子，培育了好几年，终于得到了足够的辣椒进行化验，结果令他大吃一惊，其辣度达到了1001304，几乎是原冠军的两倍。

经过多方验证，该数值准确无误。2007年2月，吉尼斯世界纪录正式把"最辣辣椒"的头衔授给了这种"鬼椒"。

培养超级辣椒是个技术含量很高的活，需要极大的耐心和毅力。辣椒只有在严酷的环境下才会产生出大量辣椒素，培育人员往往故意不给它浇水，或者用高温烘烤。做这一切的时候还必须时刻戴着手套，因为即使吹过辣椒的风都会把人辣出眼泪。

为什么要培养超级辣椒呢？除好玩以外，还有一个用处，就是提取辣椒素。辣椒素虽说可以人工合成，但成本太高。纯辣椒素的辣度是 1600 万，据说比金子都贵。

有实验证明，辣椒素能杀死癌细胞。美国匹兹堡大学的科学家曾经给移植了人胰腺癌细胞的小鼠喂食辣椒素，结果小鼠体内的肿瘤体积减小了一半。美国加州大学洛杉矶分校的科学家检验了辣椒素对付前列腺癌的能力，结果也令人满意，有 80% 人工培养的前列腺癌细胞都被辣椒素杀死了，而那些得了前列腺癌的小鼠体内的肿瘤体积缩小到只有原来的 1/5。

火锅店老板看到这个消息一定高兴坏了。且慢！上述两项实验都是在小鼠身上获得的，而且针对的只是这两种癌症。事实上，上世纪 90 年代时，墨西哥大学的科学家曾经对墨西哥人进行过一次随机对照实验，证明喜欢吃辣的人患胃癌的可能性比不吃辣的人要高。美国进行过类似的实验，也取得了同样的结果。

但是，又有人争辩说，素来喜欢吃辣的墨西哥人患胃癌的比例远远低于美国人，这说明辣椒反而是抗癌的。但是，稍微思考一下就可以知道，胃癌的发病率和吸烟、吃腌制食品等个人习惯也有很大关系，因此上述的推理很不严密。

辣椒到底治癌还是致癌？目前科学界还没有一致的答案。不过，辣椒已被证明能杀死神经细胞，而且会造成细胞内染色体的异常，所以过量食用辣椒肯定是不健康的，更不用说辣椒造成的头疼和舌头肿胀等不适感觉了。事实上，这正是辣椒植物合成辣椒的主要原因。

原来，只有哺乳动物才会感觉到辣椒的辣，鸟类没有相应的神经细胞，对辣椒毫无感觉。鸟的肠道短，活动距离长，是传播种子的好帮手。某些植物便进化出了辣椒素，把哺乳动物吓跑，却用鲜红的颜色吸引鸟类前来啄食果实，顺便传播种子。

（2008.1.14）

附：新的研究对于人类为什么喜欢吃辣椒这个问题又有了新的解释，具体情况参见《生命八卦——在万物内部旅行》，生活·读书·新知三联书店，2013 年版。

人为什么会打喷嚏?

> 人所做的一切动作都是有原因的，打喷
> 嚏也不例外，但绝对不是因为有人想
> 你了。

世界上大约有 1/4 的人，如果长时间待在暗处，突然进入亮的地方，或者突然抬头看太阳，会不由自主地打喷嚏。这是一种遗传病，英文叫作 Achoo 综合征。这毛病对于原始人来说是有用的，当他们从潮湿阴暗的洞穴里走出来时，打个喷嚏可以迅速清除积攒在呼吸道中的霉菌和各种脏东西，从而更好地呼吸到洞外新鲜的空气。

当然，大多数人打喷嚏更可能是因为感冒了。那么，打喷嚏能把感冒病毒清扫出去吗？当然是不可能的。事实上，打喷嚏恰恰是感冒病毒让我们这么做的。原来，感冒病毒会分泌一种化学小分子，诱使宿主打喷嚏。其中的道理不难理解，因为感冒病毒依靠空气传播，为了做到这一点，它必须首先从宿主的体内跑出来。要想达到这个目的，还有比诱使宿主打喷嚏更好的方式吗？

所以说，打喷嚏是我们在一种寄生生物的控制下做出的一种行为，这么做对我们自身没有任何好处，完全是为了帮助寄生生物更好地繁殖。

类似的例子还能举出很多。比如，被狂犬病毒感染的狗为什么会流哈喇子？为什么会疯？因为狂犬病毒攻击狗的吞咽肌群，使之发生麻痹，造成吞咽困难，于是唾液就只能积在嘴中，并流了出来。与此同时，狂犬病毒还会攻击狗的神经系统，使它失去理智，乱咬人。这两种性状对于狂犬病毒的好处是显而易见的，因为唾液中含有大量的狂犬病毒，正好可以通过狗的嘴进行传播。

有一种名叫"肝吸虫"（Liver Fluke）的寄生虫更加巧妙。这是一种寄生在羊肝脏内的寄生虫，它们产下的卵混在羊粪里排出体外后，会暂时处于休眠状态，直到草原上一种吃羊粪的蜗牛把它们吃下去。然后，它们在蜗牛体内孵化，并被混在黏液中排出蜗牛体外，蚂蚁会将它们吃掉。进入蚂蚁的身体后，肝吸虫会努力钻进蚂蚁的脑子，用一种至今仍未搞清的办法，控制了蚂蚁的行为。这种蚂蚁会一改往日小心谨慎的做派，每天都傻乎乎地爬到草叶的最尖端，并待在那里一动不动，似乎在等待被羊吃掉。如果一天没遇到羊，它们第二天会再来。最后，这只蚂蚁终于被羊吃掉，肝吸虫就是用这种办法进入了下一只羊的身体。

事实上，绝大多数寄生生物（包括细菌和病毒）都会或多或少地控制宿主的行为，达到繁殖自己的目的。这种控制很多都是非常隐蔽的，不容易被识破。比如，得了疟疾的人会感到忽热忽冷，浑身无力，躺在床上不能动弹，这对疟疾有什么好处呢？原来，疟疾是依靠蚊子传播的，病人越是浑身没劲，就越容易成为蚊子攻击的目标。

再比如，蛲虫（Pinworm）和霍乱弧菌都通过人的排泄物来繁殖，但方法不同。蛲虫通常只在儿童中流行，其雌虫喜欢在夜间爬出儿童的肛门，并在附近产卵，并使患者肛门部位有瘙痒的感觉。如果儿童忍不住用手抓挠，蛲虫卵便会附着在儿童的手指上，再通过儿童的触摸，散布到环境中，等待被另一名儿童摸到。霍乱弧菌更喜欢依靠水源进行传播，于是它会让患者拉肚子，这样就更容易进入公共水源，从而感染其他人。也就是说，蛲虫造成的肛门瘙痒和霍乱弧菌造成的腹泻既可算是"病情"，也可算是"病因"。

治疗某种传染病，最好的办法就是从隔绝传播途径入手。人类曾经用这种方法成功地控制了一种危险的寄生虫，此虫名叫"麦地那龙线虫"（Guinea Worm），能够在人体内长到一米多长。古代人没有好的治疗办法，只能趁虫子在皮肤的破口处露头的一瞬间，用镊子夹住，缠在一根棍子上，慢慢卷动着往外拉。这一过程往往要持续几个星期，病人痛苦不堪。有些学者甚至认为，古代医学的标志——"医神的蛇杖"（Rod of Asclepius）画的并不是一条蛇，而是"麦地那龙线虫"。

成熟的雌虫体内满载虫卵，它会弄破皮肤，让出口处产生灼烧的痛感，很多人忍不住，便会把伤口浸在冷水中。雌虫一遇到水，便会立刻喷出大量虫卵。如果这水恰好是一条小河或者一个湖，那么只要其他人饮用了这里的水，就会被感染。当医生们终于明白了"麦地那龙线虫"繁殖的方法后，便开始广为宣传，号召被感染者忍住瘙痒，不把伤口浸入水中。于是，"麦地那龙线虫"的传播途径就被遏制住了。据统计，1986年全世界尚有350万"麦地那龙线虫"的受害者，而现在这个数字不足一万人，而且几乎全部集中在非洲。

（2008.2.4）

味精一百年

2008 年是味精发明一百周年，也是"味精综合征"发明四十周年。

1908 年，一位名叫池田菊苗的日本东京大学化学教授在喝了妻子做的海带汤后突发奇想，试图找出这个汤如此鲜美的原因。半年后，他从 10 公斤海带中提取出 0.2 克谷氨酸钠，只要在汤里放一点点这玩意儿，立刻就能增加汤的鲜味。池田菊苗和商人铃木三郎合作，改进了制造方法，开始批量生产谷氨酸钠，并为它取了个好听的名字——味の素。

1923 年，一位名叫吴蕴初的中国人发明了生产谷氨酸钠的水解法。他在上海创立了天厨味精厂，推出了"佛手牌"味精。从此，味精进入了中国人的厨房，并随着中餐在世界范围内的普及，和中华饮食文化永久联系在了一起。

1968 年，一位名叫 Ho Man Kwok 的美籍华人医生在《新英格兰医学杂志》上发表了一篇短文，用文学口吻描述了自己去中餐馆吃饭后突然出现的四肢发麻、悸动、浑身无力等症状，他猜测说这可能是由于中餐里添加了味精（MSG）所致。这篇短文是用读者来信的形式发表的，并没有依照严格的论文格式。没想到这个消息一经媒体放大后在西方民众中引起了轩然大波，一个新病——"味精综合征"就这样诞生了。

消息传到日本后，日本最大的味精生产厂——味の素公司马上宣布，味精本身是没有问题的，"味精综合征"的主要原因是中餐馆用的味精量太大了。于是，"味精综合征"又有了一个新说法——"中餐馆综合征"（Chinese Restaurant Syndrome）。

虽然缺乏过硬的证据，"中餐馆综合征"这个名字仍然在欧美民间流传甚广，给当地中餐馆造成了很大的冲击。老板们不得不纷纷贴出广告，声称自己做菜绝不添加味精。不少食客在去中餐馆吃饭时也会特意提出要求，不让厨师放味精。

对味精的恐惧很快就蔓延到整个食品加工业。当时"天然食品"这个概念刚刚出现，味精看上去像是一种工业产品，不符合"天然食品"的要求。于是很多食品包装袋上纷纷印上"绝对不含味精"的字样，希望消费者放心。可是，很快就有营养学家指出，食品中添加的动植物高汤的主要成分就是谷氨酸钠，大部分肉类和豆腐制品中也都含有谷氨酸钠，和味精没有本质区别。

"味精和这些天然添加剂本质上是一样的，都含有谷氨酸钠。"美国迈阿密大学的生化学家尼鲁帕·查奥哈利（Nirupa Chaudhari）博士认为，"这东西就像盐或糖一样，都是自然界原来就有的。适量使用味道很好，但过量了就会有怪味，而且对身体不好。"

查奥哈利博士是研究味精的顶尖专家，也是第一个发现谷氨酸钠受体的人。正是由于他领导的小组作出的贡献，人类才得以搞清味精会有鲜味的原因。其实从进化的角度，人类喜欢谷氨酸钠是非常容易理解的，因为谷氨酸就是组成蛋白质的20种氨基酸中的一种，任何被水解或者被酶解的蛋白质都会释放出谷氨酸。蛋白质属于人体必需的营养物质，人类很自然地进化出了对蛋白质味道的喜爱。

可是，仍然有不少人坚信是味精让他们感到四肢发麻，很像过敏的症状。这是为什么呢？为了揭开其中的秘密，世界各国的科研部门都投入了不少人力物力展开调查，可绝大多数相关实验均没有发现味精有毒的证据。

1987年，世界卫生组织和联合国粮农组织先后发表调查报告，认为味精在适量的情况下对人体没有害处。1995年，美国食品与药品管理局（FDA）也发表报告，得出了同样的结论。但是，FDA仍然规定那些添加味精的食品必须在包装上注明"含有味精"的字样，给消费者一个选择的权利。不过，FDA却不允许食品包装上注明"本品不含谷氨酸钠"的字样，因为绝大多数食品中都会含有谷氨酸钠，即使没有添加味精也这样，这种标签有误导的嫌疑。

为什么FDA如此谨慎呢？因为确实有些研究报告得出结论说味精可能会对极少数人有一定的影响。这是什么原因呢？

原来，科学家认为，味精的生产过程中很可能会混入少量杂质，这些杂质最有可能是"味精综合征"的罪魁祸首。具体说，目前味精的生产有三种方法：一是细菌发酵法，二是完全合成法，三是半合成半发酵的所谓"醋酸法"。第一种方法生产出来的味精可能混入少量细菌蛋白质，而细菌蛋白质会诱发人体产生免疫反应；第二种方法需要把终产物中的右旋谷氨酸清除掉。众所周知，氨基酸是有"手性"的，按照基团旋转方向的不同，氨基酸可以分为左旋氨基酸和右旋氨基酸两种。自然界大部分氨基酸都是左旋的，人体也只能利用左旋氨基酸。右旋氨基酸只能产生于化学反应中，不但对人体没有用处，而且有可能造成某些不良反应；第三种方法的原材料醋酸是一种化工原料，其生产过程中有可能混入了某些对人体有害的不良物质。

值得一提的是，上述几种方法生产出来的味精可能混入杂质的量都十分微小，如果消费者购买的是正牌味精，基本上不用担心。科学家在做实验的时候选择的肯定是正牌味精，这就是绝大多数实验都证明适量味精对人体无害的原因。

对于"中餐馆综合征"还有一种可能的解释：大多数西方人不太习惯中餐的高含盐量，这就是为什么很多人吃完中餐后会感到口干舌燥，不过这和味精没有多大关系。

味精的例子很好地说明了一个道理：不能盲目相信那些关于食品安全的传言，必须用科学的方法加以分析。

（2008.3.31）

语言的力量

人之所以进化成人，就因为人会说话。

去年的一部热门电影《潜水钟与蝴蝶》，主角是 Elle 杂志前主编鲍比，他于 1995 年脑干中风，导致全身瘫痪，只有左眼皮能动。他用眨眼来指挥助手选择字母，居然写成了一本书。想象一下，如果人类没有发明出文字的话，鲍比就将彻底失去交流的能力。

不过，对普通人来说，语言远比文字更重要。研究证实，人类在 10 万年前就进化出了语言，而文字只是在距今 5000 年左右的时候才刚刚出现。

语言是人和动物最主要的区别之一。不少科学家认为，语言的出现，而不是直立行走，才是促成由猿到人这一转变的最根本的原因。道理很简单：语言是连接大脑的桥梁，语言使人类能够更有效地团结起来，相互学习，相互帮助，共同面对来自大自然的挑战。

语言虽然如此重要，可是关于语言进化的研究却十分落后，因为缺乏数据支持，也没有相应的动物模型可供研究。

世界上没有任何一种动物的语言系统的复杂性能够抵得上人类语言的 1%，很难用来作为对比。

没有对照怎么进行研究呢？于是，有人想到了人类的近亲——尼安德特人（Neanderthal）。这是"人属"（Homo genus）的一个亚种，大约在 20 万年前开始在欧洲定居，但在约 3 万年前灭绝了，而人类也正是在这一时期开始从非洲迁移到欧洲大陆。

化石资料显示，尼安德特人骨架粗壮，四肢短小有力，非常适合冰河时期欧洲寒冷的气候。另外，尼安德特人的颅腔比现代人大 20%，说明尼安德特人很可能具有和人类相似的智慧水平。

那么，在和人类祖先的竞争中，尼安德特人为什么输得如此彻底呢？比较流行的观点认为，他们的身体结构虽然适应严寒，却无法适应逐渐变暖的欧洲，再加上欧洲森林的消失让擅长奔跑的现代人有了更大的优势，终于打败了尼安德特人，占领了欧洲。

但是，仍然有不少人类学家怀疑这个理论，他们提出了一个假说，认为尼安德特人在语言能力上远不如现代人，这才是他们最终被人类取代的最大原因。

可是，研究者们既不可能找到原始录音，也没有办法做一次时空旅行，如何来证明这个假说呢？他们想出了很多间接的办法，比如，2008 年 3 月 15 日在西班牙巴塞罗那召开的第七届语言进化国际大会上，法国人类学家弗朗西斯科·迪埃里克（Francesco d'Errico）提出了一个有趣的假说。他认为，在遍布欧洲的尼安德特人遗址内发现了大量的矿物染料，这说明尼安德特人有用颜色文身或者给动物做标记的习惯。因为文身是人类个体间相互交流思想的一种方式，因此尼安德特人很可能是会说话的。不过，这个推理显得并不十分可信。

那么，有没有更好的办法呢？答案就在喉咙里。比较一下黑猩猩和人的发声器官，不难发现黑猩猩的声带是有缺陷的，它们很难发出像人类那样复杂多变的声音，只能发出简单的几种吼叫声。这样一来，即使黑猩猩的智力水平达到了运用语言的要求，也不太可能进化出像人类那样能够表达复杂意思的"猩语"来。

可是，尼安德特人早已灭绝，如何研究他们的喉咙呢？美国科学家鲍勃·弗朗西斯科斯（Bob Franciscus）想出了一个办法。他发现，人的声带软组织的结构与舌骨和颈骨的相对位置及大小有着密切的关系，通过对比这些骨头的形态和人的发音特点，弗朗西斯科斯总结出了一套规律，利用它就可以通过骨骼推测声音。20世纪70年代，美国科学家菲尔·里伯曼（Phil Lieberman）利用这套方法，研究了尼安德特人的喉咙骨骼，得出结论说，尼安德特人的声带不如人类精细，虽然具备了产生语言的条件，却无法像人那样表达复杂的意思。

这项研究在当时遭到了不少批评，反对者认为里伯曼的研究不够精确，得出的结论值得怀疑。里伯曼没有气馁，他继续潜心研究，并和美国人类学家罗伯特·麦卡锡（Robert McCarthy）合作，利用更加先进的计算机技术，分析了三块从法国出土的尼安德特人骨骼标本，首次用计算机模拟出了尼安德特人的声音。

2008 年 4 月 11 日召开的美国实验人类学年度会议上，两人首次向世界公布了研究成果。虽然他们只模拟出了一个元音 "e"，但麦卡锡认为这个音的差别很能说明问题。"尼安德特人的声带发出的 'e' 音不具备现代人特有的 '量子元音'（Quantal Vowel）的特点。"麦卡锡说，"因此，他们无法区别 'beat' 和 'bit' 这两个发音近似的单词。"

这个 "量子元音" 的说法，源自 1972 年提出的一种语言学理论。该理论认为，人类的声带结构和发出的声音之间的关系并不是线性的，而是带有所谓的 "量子特征"。具体说，人类声带结构的微小改变就能让发出的声音具有很大的差别，这种特点非常适合快速地发出复杂的音调，而只有这样才能表达复杂的意思。按照这个理论，尼安德特人发不出 "量子元音"，所以他们的语言表达能力具有先天障碍，注定不能像人类那样快速准确地交流思想。

当然，这个结论目前还只是建立在一个字母上。麦卡锡和里伯曼准备继续研究，争取用计算机模拟出整个句子。如果这项研究获得成功的话，将再次证明语言的力量是非常强大的。

（2008.4.28）

鸭嘴兽传奇

鸭嘴兽是澳大利亚国宝,悉尼奥运会的
三个吉祥物之一。那么,它到底属于哺
乳动物还是鸟类呢?

1789 年,一个英国远洋船长从澳大利亚带回一具奇怪的动物标本,它的嘴像鸟类(鸭子),皮毛像哺乳动物,骨骼像爬行动物。当时的英国动物学家们见到这具奇怪的标本后,第一个反应就是:这是伪造的!有人当场拿出一把剪刀,剪开了"鸭子嘴",试图找出造假时留下的针脚,却没有找到。

如今这具标本被放在了伦敦的自然历史博物馆里展出,标牌上写着:鸭嘴兽(Platypus)。游客如果仔细看的话,仍然可以看到那个剪刀口。

1831 年,年轻的达尔文乘坐"贝格尔号"皇家军舰开始了为期五年的环球航行。1836 年 1 月 19 日,船在回国途中停靠澳大利亚东岸,达尔文终于在一条小河里见到了活着的鸭嘴兽。后来他在航海日记中详细描写了他在澳大利亚见到的很多奇怪的动物,并发出了这样的慨叹:"肯定有两个造物主参与制造了!"(澳大利亚和欧亚大陆上的动物。)

1859 年，达尔文出版了《物种起源》一书，提出了著名的进化论。但是，在达尔文的时代，类似鸭嘴兽这样的"过渡型"动物是非常罕见的，连"过渡型"动物的化石都很少。神创论的信徒抓住这一点，攻击进化论有"缺环"，不可信。为了回答这个问题，达尔文在《物种起源》中专门用两个章节进行了讨论，并提出了一个大胆的预言：将来考古学家一定会发掘出大量的"过渡型"动物化石。

如今，达尔文的预言正被越来越多的考古发现所证实。考古学家们已经发现了从线虫到节肢动物、从棘皮动物到脊椎动物、从鱼到四足动物、从爬行动物到哺乳动物等几乎所有的过渡型动物化石。就在最近，纽约科技学院的科学家甚至发现了一个"中颈鹿"化石，其脖子的长度刚好介于长颈鹿和它们的短脖子祖先之间。这些考古发现从各个方面证明了进化论的正确性。

需要指出的是，神创论信徒创造的"缺环"这个概念并不准确。生命进化并不是从低级"过渡"到高级，像条长链，而是从一个共同祖先进化出一个个"旁支"，更像是一棵树，并不能说哪个枝杈更"高级"。比如，人和猩猩是在700 万年前从一个共同的祖先分别进化而来的，无论是人还是猩猩如今都还健在。

所谓的"过渡型"生物代表了进化树"分杈"的那一刻，是研究生物进化过程的重要工具。但是，"过渡型"生物并不是只能在化石中寻找，有些"过渡型"生物还活着呢。比如鸭嘴兽，它本身属于哺乳动物纲中的一个独特的目——单孔目，其成员只有两种：鸭嘴兽和针鼹。两者都产自澳大利亚，因为那块大陆的封闭性，侥幸活到了今天。

它们的存在为 DNA 研究提供了可能。DNA 是研究进化的好材料，分析 DNA 序列可以判断出生物进化的顺序。比如，在研究了某个常见的基因后发现，动物甲在这个基因上带有 A 变异，动物乙带有 A 和 B 变异，动物丙带有 A、B 和 C 变异，动物丁却找不到 A、B 和 C 变异。这就说明，乙是从甲进化来的，丙又是从乙进化来的，丁则在进化上和前三种动物相距甚远。

当然，这里需要假定 A、B 和 C 变异都属于对基因功能没有影响的所谓"中性"突变。一旦自然选择起了作用，那就不好说了。

几年前，美国华盛顿大学的科学家韦斯利·沃伦（Wesley Warren）领导了一个近百人的研究小组，从一只名为 Glennie 的澳大利亚雌性鸭嘴兽身上提取 DNA 进行测序，其结果终于在 2008 年 5 月 7 日出版的《自然》杂志上公布。结果表明，鸭嘴兽的基因组共有 22 亿个核苷酸，其中大约包括 1.85 万个基因，比人类少 30%，但和其他哺乳动物相当。鸭嘴兽基因组和人类等哺乳动物大约有 82% 的同源性，说明鸭嘴兽更接近哺乳动物，而不是爬行动物。

这项研究有助于搞清哺乳动物的进化轨迹，回答哺乳动物进化的一些基本问题。比如，哺乳动物到底是先进化出了乳腺还是先进化出了胎生呢？众所周知，鸭嘴兽会下蛋，但同时又会哺乳。科学家分析了鸭嘴兽的基因，发现它们已经进化出一批和乳汁分泌有关的基因，这些基因和牛以及人体内的乳汁基因是同源的，这说明鸭嘴兽和哺乳动物共同的祖先已经进化出了哺乳功能，胎生则是后来才进化出来的。

基因分析还发现，鸭嘴兽的性别决定方式十分奇特。它们有 5 对共计 10 条性染色体，如果借用哺乳动物的性染色体名称的话，雄鸭嘴兽的基因型就是 XYXYXYXYXY，更像鸟类的性别决定模式。这说明，哺乳动物的性别决定方式是后来才进化出来的。

总之，基因分析解决了生物界关于鸭嘴兽进化地位的疑问。曾经有人怀疑鸭嘴兽可能是有袋类（比如袋鼠）的一个变种，但基因分析表明这个说法是错误的。鸭嘴兽确实应该属于哺乳动物，但它从 1.66 亿年以前就从哺乳动物进化的主干分离出去了，远比有袋类和胎盘类（比如人）共同的祖先要早。

（2008.6.2）

镜像神经元和普世价值

一次意外的发现让心理学家找到了普世价值的生理基础。

最近关于中国抗震救灾是否代表了"普世价值"引起了不少争论，但争论双方谁都没有解释清楚到底什么是"普世价值"。

心理学家相信，人类社会的普世价值就是一些基本的道德准则，它们不受社会形态和文化差异的影响，对全人类都适用。但是心理学家们一直都没能找到这一说法的生理基础。1996年，一次意外的发现让科学界看到了一线希望。

那一年，意大利帕尔玛大学的神经生理学家贾科莫·里佐拉蒂（Giacomo Rizzolatti）、莱昂纳多·福加希（Leonardo Fogassi）和维托里奥·加莱希（Vittorio Gallese）正在实验室里研究恒河猴的运动神经控制系统。他们把微电极插入恒河猴大脑运动皮质（Motor Cortex）的F5区内的一个神经细胞中，然后诱使猴子做出拿花生的动作，记录该神经元产生的电脉冲。通常情况下，一旦猴子做出这个动作，连接微电极的监测仪就会发出"哔哔"的响声，说明该神经细胞正在放电。有一天，一位研究生带了一把花生米走进实验室，当着猴子的面吃了起来，监测仪居然也"哔哔"地响了起来。可是，猴子并没有做出拿花生的动作，它只是通过眼睛看到了实验人员拿花生的动作，而那个运动神经元产生了同样的电脉冲。

这可是一个革命性的发现，说明该运动神经元既能控制猴子做出动作，又能在同类（姑且把实验员当作猴子的近似同类）做出同样动作时产生出同样的反应。三位科学家把这类神经元叫作"镜像神经元"（Mirror Neuron），表示它们就像镜子一样，直接在观察者的大脑中映射出别人的动作。

有个成语叫作"感同身受"，镜像神经元完全可以看作是这个成语的科学解释。研究发现，猴子的大脑中有大约10%的神经细胞都有镜像神经元的特性，这些神经元根据功能的不同组成了一个个小组，就像电脑中的模块，每个模块分别负责一个特定动作。手拿花生由一个模块负责，剥香蕉皮由另一个模块负责，当猴子看到实验员拿花生时，它大脑中那个控制手拿花生这一动作的模块就被实时地激活了。这样做的好处是显而易见的，猴子不需要通过理性分析来理解实验员这个动作的含义，它用"感同身受"这个办法在自己的大脑中迅速地模拟一遍同样的动作，就能很快明白实验员的真正意图。

那么，人类大脑中是否也有镜像神经元呢？科学家不能随便往人的脑细胞中插电极，只能用间接的办法来研究。三位意大利科学家运用了正电子断层扫描仪（PET）和功能性磁共振成像技术（fMRI）等大脑成像技术，证实人类也有镜像神经元。

2007年，美国加州大学洛杉矶分校的神经生理学教授马克·伊安科伯尼（Marco Iacoboni）更进了一步。他说服几名患有癫痫症的病人担任志愿者，为了治好他们的病，医生必须在他们的大脑中插入电极。伊安科伯尼利用这个机会，仔细研究了他们的运动神经细胞，结果真的找到了34个镜像神经元。

镜像神经元的发现轰动了整个神经生理学界。不少科学家认为，这项理论有助于解释为什么哺乳动物天生就会模仿，还可以解释人类语言的演变，以及人类社会组织结构的进化。甚至有人认为，镜像神经元对于心理学研究的贡献，就好像DNA之于生物学。

那么，这一理论是否能够解释道德的起源呢？有人认为可以。心理学家通常认为，同情心是一切道德准则的基础。镜像神经元理论正好可以解释同情心的起源。按照这个理论，"感同身受"让人类很自然地产生了同情心，而具有同情心的人能够更好地相互理解，相互合作，存活的机会也就更大，因此这样的人比冷酷无情的人具有更多的遗传优势。

荷兰科学家进行的一项实验表明，那些比较富有同情心的实验对象，其镜像神经元的活动强度比对照组要强。这个结果暗示同情心和镜像神经元之间有一定的联系。而台湾地区的科学家甚至发现，女性的镜像神经元普遍比男性要强！不过这两项实验的研究对象数量都不足，这两个实验结果都还不是定论，有待进一步研究。

至于同情心是否真的是道德大厦的基础，不同人有不同的看法。一个显而易见的事实是，当今世界充满了暴力和歧视，虐待同类，甚至谋杀同类的情况时有发生。这是不是说明人类其实并没有一个共同的道德标准？对此，伊安科伯尼教授提出了一个新的理论。他认为人脑中存在两个不同层面的镜像神经元系统，低级层面的镜像神经元服从于自然选择，因此教人向善。但是还有少数镜像神经元属于更高的级别，它们能够改写低级镜像神经元的指令，从而挣脱"普世道德"的束缚。这些"超级镜像神经元"可以受到宗教、社会经验和逻辑思维的控制，正是它们，使得人类行为变得如此复杂多变。

但是，他的理论目前还停留在假说阶段，需要进一步的实验来验证。

（2008.6.30）

电椅的故事

电椅的发明，和爱迪生有点关系。

说到执行死刑，中国人习惯说"枪毙"，美国人习惯说"坐电椅"，这是有道理的。因为电椅是美国人发明的，世界上除了菲律宾以外，就只有美国使用这种办法来处决死刑犯。

美国原先也和其他国家一样用绞刑。1887年，有个死刑犯吊了好长时间才死，受尽了折磨。这件事被记者报道出来后，纽约州政府成立了一个委员会，责成他们找出一种更加人道的方法。

此事发生几年前，有个牙医目睹了一起触电事故，有个醉汉无意中摸了电门，被电死了。他把这件事告诉了自己的朋友，正巧这个朋友是纽约州的参议员，于是，电击法成了最佳选择。

这个方法有个问题：到底用交流电呢，还是直流电？要知道，直流电是著名发明家托马斯·爱迪生的领地。1882年，他的"爱迪生电器公司"正式开始在美国各大城市推广直流电电网，试图把直流电作为行业标准。但是，爱迪生遇到了一个强有力的挑战者，他就是被后人誉为电磁学领域"鬼才"的尼古拉·特斯拉（Nikola Tesla）。特斯拉出生于克罗地亚，后移民美国。他受过良好的教育，尤其擅长数学。初到美国时他被推荐到爱迪生的电器公司，在那里他做出了好几项重大发明，但爱迪生没有付给他相应的报酬，于是特斯拉辞职单干，并于1886年研发出了交流电。

上过中学物理课的人都知道，交流电最大的好处就是可以方便地变换电压，电压越高，传送电力时的电流就越低，热量消耗也就越低。特斯拉发明的"三相交流电输电线路"在传输电力的效率上比直流电要好很多，最终这项技术被威斯汀豪斯电气公司买下，成为爱迪生直流电电网最大的竞争对手。

爱迪生当然要反击。于是，当他听说纽约州政府正在考虑用电椅的时候，本来不支持死刑的他突然改变了主意，大力推荐使用交流电。你想啊，如果交流电成了电椅的"行业标准"，谁还愿意用它来做饭烧水呢？

为了达到自己的目的，爱迪生动用了一切手段宣传交流电比直流电更危险。他雇用中学生抓捕了很多流浪猫狗，然后用交流电当众把它们电死。这些血淋淋的情景被报道出来后，确实引起了很多市民的恐慌，天平渐渐向爱迪生这边倾斜了。

1889年，纽约州政府终于决定使用交流电，并责成一位名叫哈罗德·布朗（Harold Brown）的电器工程师制作史上第一把电椅。这个布朗其实是爱迪生的雇员，他是被爱迪生秘密雇来研究电击的。但是，威斯汀豪斯公司拒绝把自己的交流电发电机卖给纽约州政府，爱迪生便指使布朗伪造了一份合同，把三台发电机先运到南美某个不存在的大学，再转运回纽约。

同年，有个名叫威廉·凯姆勒（William Kemmler）的倒霉蛋用斧子砍死了自己的老婆，被判处死刑。眼看纽约州政府打算用他来"试椅"，威斯汀豪斯公司决定出钱雇用律师为他辩护。但爱迪生知道此事后，也出钱雇用律师进行反辩护。最终爱迪生赢了，凯姆勒被判死刑。

死刑定在了 1890 年 8 月 6 日执行。第一次通电用的是1000 伏交流电，一共持续了 17 秒，凯姆勒表情痛苦地挣扎半天之后，居然没有死。原来执行者没有经验，使用的电压过低。于是，可怜的凯姆勒又被执行了第二次死刑，这一次用了 2000 伏。据旁观者说，凯姆勒的身上着火了，行刑室里充满了烤肉的味道。

这一次，凯姆勒终于死了。

第一次行刑的挫折并没有阻碍电椅成为美国使用最广泛的死刑执行方法，但后来这个方法还是因为不够人道，逐渐被注射法代替。

那么，交流电真的比直流电更危险吗？实验表明，电通过人体时会产生热量，把人体组织烧坏，直流电和交流电在这个方面的威力是相同的。但是，交流电还有另一个杀人的招数——引发心室颤动（Ventricular Fibrillation），中断血液循环，致人死亡。原来，心脏是人体中唯一一个需要进行不间断有节律收缩的器官，心肌收缩的频率是由一群特殊的"节律细胞"发出的电信号来控制的。我们所熟悉的心电图测量的正是这种电信号。

研究表明，如果使用交流电，只需要 60 毫安的电流通过胸腔就能干扰电信号，引发心室颤动，而使用直流电的话，则需要 300 ～ 500 毫安才行。

当然，爱迪生并不知道这些，他唯一的目的就是妖魔化交流电，打垮威斯汀豪斯。为了宣传交流电的危害，他甚至于 1903 年亲自电死过一头大象，还雇人把这一过程拍了下来，广为播放。

但是，交流电的好处并不因为爱迪生的诋毁而被忽视。不久之后，甚至连爱迪生自己的电器公司都决定改用交流电，并去掉了公司名称前面的"爱迪生"，最终变成了著名的"通用电气"（GE）。

爱迪生为什么如此固执呢？最主要的原因就在于他数学不行。爱迪生只上过三个月的学，他所做的发明全是凭自己的经验和勤奋。但是，交流电和直流电非常不同，要想真正理解交流电的工作原理，必须精通高等数学，这恰恰是爱迪生的弱项，于是他始终都未能真正理解交流电的好处究竟在哪里。

据说在爱迪生死后,美国媒体都不惜笔墨赞美他的功绩,只有他的对手特斯拉提出了不一样的观点。"他(爱迪生)用的方法的效率非常低,经常做一些事倍功半的事情。"特斯拉说,"他如果知道一些起码的理论和计算方法,就能省掉90%的力气。他无视初等教育和数学知识,完全信任发明家的直觉和建立在经验上的感觉。"

但是,聪明的特斯拉日子也不好过。由于性格怪僻,不善经营,特斯拉没有从自己的发明中赚到什么钱,最后死于贫困潦倒之中。

(2008.9.15)

附:最近很火的一款电动车之所以取了特斯拉这个名字,就是为了纪念这位电磁学鬼才尼古拉·特斯拉。

红牛为什么这样红？

红牛饮料只有二十几年的历史，却占据
了能量饮料市场的半壁江山。

奥运会激发了很多人的锻炼热情，这就给饮料制造商带来了新的商机。

运动后喝什么饮料最好？除了专门的运动饮料、可乐类碳酸饮料和瓶装水之外，又有一种新饮料进入了人们的视野，这就是所谓的"能量饮料"，其中最具代表性的品牌就是"红牛"（Red Bull）。

红牛饮料源自泰国。一位名叫许书标（Chaleo Yoovidhya）的泰国商人于1966年发明了一种名叫 Krating Daeng 的饮料，专门卖给上夜班的工人和长途汽车驾驶员，帮他们提神。上世纪80年代，一家德国牙膏厂的市场部总监、奥地利人迪特里希·马特希茨（Dietrich Mateschitz）去泰国出差，发现这种饮料能帮助他克服时差带来的疲倦感。回国后他根据欧洲人的口味调整了配方，红牛饮料诞生了。

红牛一开始是作为"提神饮料"推向欧美市场的，那时红牛的典型消费者是一些正在熬夜准备考试的大学生。后来红牛开始赞助体育比赛，推出了红牛篮球联赛，并赞助了一支一级方程式赛车队，想通过这个方法进军运动饮料市场，于是问题就来了。

红牛到底有没有快速补充能量的功效呢？厂家说有，很多消费者说有，但至今没有一项来自独立机构的实验能证明这一点。相反，倒是能找到很多报道，说红牛能杀人。2001年，有三个瑞典人据说因为喝了红牛而猝死，这件事间接导致瑞典、丹麦、冰岛等北欧国家禁止在本国销售红牛。2006年又有一个英国人在连喝四罐红牛后突发心脏病死亡，同样引起了英国消费者的恐慌。

其实，这几个案例并不能说明问题。它们都属于个案，没有对照，没有统计，因此也就毫无价值。

既然没有实验数据作为根据，我们只能逐项检查红牛的成分，看看能不能发现问题之所在。根据标签，一罐250毫升的红牛饮料里除了含有适量的葡萄糖，果糖和维生素 B_3、B_5、B_6 和 B_{12} 外，还含有 600 毫克葡萄糖醛酸内酯（Glucuronolactone）、1000 毫克牛磺酸（Taurine）和 80 毫克咖啡因（Caffeine）。让我们逐一看看它们到底都有什么作用。

葡萄糖醛酸内酯曾经被认为是红牛杀人的秘密所在。早在 2000 年网上就曾经流传过一个帖子，说这是美军在"越战"期间发明的一种兴奋剂，后来被证明能致癌。可惜的是，这个神乎其神的谣言完全没有事实根据。葡萄糖醛酸内酯只是一种正常的人体代谢产物，适量饮用不可能有任何毒性。饮料厂家声称它可以消除疲劳，但这一说法还有待进一步的实验证实。

牛磺酸是"红牛"这个名称的来源。这是一种带有氨基的磺酸，最早是从牛的胆汁中提取出来的。不知是谁造谣说红牛中添加的牛磺酸是从公牛的精液中提取出来的，结果很多人听了这个小道消息后莫名兴奋，把红牛幻想成万能兴奋剂。实际上，牛磺酸是半胱氨酸（氨基酸的一种）的代谢衍生物，也是合成胆汁所必需的一种有机酸。还有人认为牛磺酸是一种天然的神经抑制剂，能够减少人的焦虑感，但这个功能并没有获得足够多的数据支持。另外，红牛饮料中的牛磺酸都是人工合成出来的，否则国际动物保护组织怎么会答应？

咖啡因，才是红牛之所以能提神的主要原因。咖啡因是一种天然的中枢神经兴奋剂，它的作用早就被无数个实验所证实。很多反对红牛的人都把矛头对准红牛中含有的咖啡因，但事实上，一罐250毫升的红牛饮料中含有的咖啡因和一杯普通的过滤咖啡差不多。如果这点咖啡因有害的话，星巴克早就关门了。

虽然咖啡因能提高人的警觉程度，减少疲劳感，对提高运动能力有一定帮助。但是问题在于，咖啡因和很多神经兴奋剂一样，都能使人上瘾。一旦上瘾，服用者就必须不断增加剂量，否则就起不到应有效果。不用说，红牛厂商是很喜欢这一点的。于是,逐年加大的广告力度,以及众多不知源头的小道消息,不断刺激着年轻人的好奇心,红牛就这样红起来了。

但是,有越来越多的证据表明,过量服用咖啡因会刺激消化系统的内壁,引发炎症,严重的还会造成消化系统出血,甚至消化道溃疡。虽然大多数"能量饮料"的包装上都明文建议每人每天的摄入量不要超过一罐,但对于那些已经成瘾的人来说,一罐肯定是不够的。

红牛在酒吧和舞厅里也十分流行。为了防止犯困,泡吧者发明了用红牛兑伏特加的新喝法。但是,巴西科学家进行的一项对照实验表明,这种喝法更可能的结果就是让人更容易喝醉。科学家召集了26名男性志愿者,分别让他们服用同等量的伏特加,但有时兑红牛,有时不兑。结果志愿者普遍反映说,当兑了红牛后他们觉得更清醒,更不容易醉。但是,同时进行的醉酒度测试表明,事实正好相反。于是科学家得出结论说,红牛中的咖啡因会掩盖酒精的作用,让饮酒者自我感觉良好,这就会让他们喝更多的酒。

酒吧老板当然喜欢这个消息。他们暗中鼓励这种新式喝法,红牛更红了。

（2008.9.29）

新式测谎仪

新一代测谎仪已经问世。它们可靠吗？
没人敢肯定。

美国电视喜剧《宋飞正传》的主人公宋飞有一天要去接受测谎仪测验，他心里没底，就去请教自己的好友，号称天底下最擅长撒谎的乔治。乔治告诉他，要想战胜测谎仪，必须首先战胜自己，"只要你真心相信自己说的是实话，测谎仪就失灵了"。

他们所说的测谎仪（英文叫 Polygraph）发明于上世纪初，最大的功臣是哈佛大学心理学博士威廉·马斯顿（William Marston）。马斯顿认为，人在撒谎时某些生理参数必将发生改变，只要测出这种改变，就能判断出受试者是否在撒谎。

现代测谎仪至少需要测量四项参数，它们是血压、心率、呼吸频率和皮肤的导电性，因此我们在电影里看到的测谎仪十分复杂，需要在受试者身上安装很多电极和测量线。测试时，由考官问问题，受试者一边回答，测谎仪一边记录这些参数的变化。一旦数据出现大幅度波动，就说明受试者撒谎了。

可惜的是，这种情景只是电影编导的一厢情愿罢了。试验显示，测谎仪只对没有经验的生手们有比较明显的效果。对于那些社会阅历丰富的老油条，或者受过训练的特工人员，测谎仪非常不可靠。他们依靠控制自己的心跳和呼吸频率来干扰测谎仪，这就是法院从来不会把测谎仪的结果当作唯一的定罪证据、最多只是拿来作为参考的原因。

要想提高测谎仪的准确性，必须真正了解大脑的工作原理。科学家们距离这一目标还很遥远，怎么可能设计出可靠的测谎仪呢？这个道理虽然谁都知道，但这并不妨碍西方政府秘密投入大量资金用于这方面的研究。当年"冷战"处于高峰的时候，美国军方曾经秘密拨出巨款，试图找出一种能让嫌疑人说真话的"审讯药"。他们试验了大量具有致幻作用的药物，结果一无所获。这一轮大规模试验间接促成了毒品在美国的泛滥。

"9·11"之后，美国政府为了反恐需要，又一次加大了测谎仪研究领域的资助力度，包括大家熟悉的核磁共振成像（MRI）和脑电图（EEG）在内的一批新一代测谎技术正在源源不断被开发出来。不少科学家怀疑这些新技术的可靠性，他们认为人脑就像一台计算机，如果不知道电流和信息之间的转换密码，不可能仅仅通过测量电流的变化而判断出信息的内容。但是测谎技术的支持者们则认为，人脑和计算机在处理信息时有完全不同的机理。计算机遵循固定的算法，不同的内容通过不同的算法体现出来。而人脑对信息的处理和记忆则更多地体现在物理结构的改变上，比如某些神经元之间的连接强度的改变，或者某些神经元活性的变化等。比如，当一个人在撒谎时，他脑内负责撒谎的那部分神经元必然会兴奋，只要测量一下这部分脑神经元的活动强度，就能知道受试者是否在撒谎。

美国神经生理学家劳伦斯·法威尔（Lawrence Farwell）博士是测谎仪领域的领军人物之一。他以脑电图分析为基础，开发出一套被他命名为"脑指纹"（Brain Fingerprint）的测谎技术。他相信，人在看到（或者听到）某个自己亲身经历过的场景时，大脑会产生一种独特的P300波。只要测量一下嫌疑犯脑内的P300波，就能知道他是否到过犯罪现场。

这套"脑指纹"技术第一次小试牛刀是在2000年。一个名叫特里·哈灵顿（Terry Harrington）的爱荷华人被指控于1977年杀了人。此后他在监狱里一直坚持上诉，并要求测谎。法威尔博士用"脑指纹"测量仪对哈灵顿进行了测试，当哈灵顿看到犯罪现场照片时，他脑内的P300波没有出现。爱荷华地方法院根据法威尔的测试结果，推翻了原判，于2003年将哈灵顿释放。

这个案子是个特例，一方面，法院找到了其他一些对哈灵顿有利的证据；另一方面，相对于定罪来说，免罪判罚的争议要小一些。不过，目前美国有数家测谎仪公司已经开始提供商业测谎服务，他们正在积极游说美国高等法院，希望能在2009年正式把这些新的测谎技术作为定罪的根据。

在这一领域，印度走在了前面。2008年6月，印度孟买的一家法院根据印度科学家开发出的一套"脑电波振动识别仪"（Brain Electrical Oscillations Signature），判定一名妇女谋杀了自己的未婚夫，并判她终身监禁。这项测验的原理和法威尔开发的技术有些类似，都是通过测量脑电波的变化，判断受试者是否亲身经历过某件事情。比如这件案子，调查人员对这位妇女大声念出一系列描写犯罪过程的词组和短句，同时测量她的脑电波变化，结果发现她脑中负责储存记忆的部分在念到犯罪细节时有了反应，这种反应和那些只是通过道听途说而知道这件案子的普通人的反应是不同的，因此法官认定她肯定亲身经历过那件事。

因为这件案子缺乏其他证据，因此在西方引起轩然大波，不少科学家质疑印度法院的审判过程，他们认为，依靠一种尚未有足够第三方数据支持的技术作为定罪的主要证据，是不妥当的。比如，目前关于测谎仪的可靠性试验都只能用招募来的志愿者，并没有接受真正的罪犯的考验。再比如，一位曾经跟法威尔共过事的科学家指出，受试者之所以对某个场景有反应，也许是因为他正好在人群里看到了一件心仪已久的蓝色上衣而已，不代表他真的去过那里。

虽然反对之声不绝于耳，但是包括新加坡和以色列在内的很多国家的法院都对印度的这套系统产生了浓厚的兴趣，这些国家的嫌疑犯们要小心了。

（2008.10.20）

辛苦了，女人

女人一生中所承受的大部分痛苦都和生
孩子这件事有关。

除了人类以外，世界上所有的雌性哺乳动物在生育的时候都不疼，也不需要帮忙，这就是人类进化所必须付出的代价。

为什么这么说呢？原来，当非洲的森林突然消失的时候，人类的祖先不得不从树上下来，学会直立行走。直立行走解放了人类的双手，开阔了人类的视野，因此，人类逐渐进化出一个体积巨大的脑袋，用来处理各种信息，并最终进化出了智慧。

于是，问题就来了。

因为骨盆过宽不利于快速移动，因此直立行走对女性骨盆的宽度有了限制。可是，婴儿的大脑袋却要求孕妇的产道不能太窄，否则脑袋出不来。这两个矛盾妥协的结果就是，女人在生孩子的时候必须忍受很大的痛苦，而且往往需要有人帮忙。

古代人对此百思不得其解，只好求助于上帝。基督教认为，女人生孩子所遭受的痛苦是在向上帝赎罪，因为当初在伊甸园的时候，正是夏娃鼓动亚当吃下了智慧果，人类这才被逐出伊甸园。为了惩罚夏娃，上帝对女人说："（我）必多多加增你怀胎的苦楚，你生育儿女时也要多受苦楚，还要让你永远依恋你的丈夫，让他当你的主宰。"

因为《圣经》上的这段话，古代的欧洲人一直认为女人受苦是天经地义的事情。1840 年，英国人詹姆斯·辛普森（James Simpson）发现氯仿能减轻女人分娩时的痛苦，但这项发明却一直被欧洲教会拒绝使用，他们认为，减轻女人分娩的痛苦违背了"自然规律"。1853 年，英国维多利亚女王在生第六个孩子的时候使用了氯仿。消息传出后，英国教会终于批准了氯仿的使用，因为牧师们相信，维多利亚女王是上帝的代言人，她是从来不会违背上帝的旨意的。

女人不但要忍受分娩造成的疼痛，还要为此承担很大的风险。古代人欠缺微生物知识，不明白感染是怎么回事，因此古代的助产士没有消毒的习惯，古代女人因为分娩而感染的比例很高，产妇死亡率一直居高不下。19 世纪以前，全世界大约有 10% 的女人会死于分娩造成的感染，这个数字直到发明了消毒法之后才得以显著下降。

即使孩子安全地生下来，女人的痛苦仍然远未结束。婴儿大脑的发育需要消耗大量的能量，据统计，人类在出生后的第一年里摄入的热量有大约 60% 是供给大脑使用的。在人类进化的早期，尤其是农业还没有被发明出来的时候，要想保证孩子大脑发育的需要，母亲就得花费更多的精力采集野果，一个懒惰的母亲是养不活孩子的。

既然生养孩子如此辛苦而又风险巨大，少生几个孩子不就能减轻痛苦了？事情没那么简单。没有怀孕的女人不但要忍受月经带来的痛苦和不便，还必须因此而承担很多潜在的风险。研究表明，没有怀孕的女人每个月都要经历一次激素分泌水平的巨大波动，这种波动会增加卵巢癌的发病率。女人在月经初潮后如果迟迟不怀孕，那么她患乳腺癌的概率也会有所增加。

基于性激素的女用避孕药可以有效地抑制排卵，降低女性激素的变化幅度，有助于减少癌症的发病率。有越来越多的制药厂开始宣传避孕药的这种额外好处，甚至发明出一种不让女人来月经的新式避孕药。有人认为这是违反自然规律的事情，但事实并非如此。人类学家的研究表明，非洲原始部落的女性一生中平均只有四年的时间处于月经期，其余时间要么在怀孕，要么在哺乳。相比之下，工业国家的女性一生平均只生两个孩子，再加上她们通常选择用婴儿配方奶粉，因此她们一辈子平均有35年的时间处于月经期，远多于原始社会的女人。

既然生育给女人带来了这么多的麻烦，那干脆绝育好了。事实上，人类学家相信，绝育还真是人类进化出来的一种生存方式。原来，人类女性在50岁左右的时候就会绝经，这几乎只是女人预期寿命的一半，这在哺乳动物里是绝无仅有的现象。美国犹他大学的人类学家克里斯汀·豪克斯（Kristen Hawkes）提出了一个"祖母假说"（Grandmother Hypothesis），用来解释人类为什么会进化出这种现象。豪克斯教授认为，绝经的妇女不需要忍受月经带来的不便，也不必担心分娩造成的高死亡率，因此她们会腾出大量时间担任自己女儿的助产士，并帮助女儿采集野果、照顾孩子。祖母的存在大大提高了人类婴儿的存活率，同时也大大提高了孩子们的智力水平。

　　如此看来，女人为人类的繁衍作出了巨大的牺牲。辛苦了，女人。

（2008.11.10）

兴奋剂检测不科学？

··

兴奋剂检测到了该取消的时候了？

兴奋剂问题是现代生物化学发展到一定阶段后才出现的。体育界在上世纪 60 年代末期才开始进行兴奋剂检测，但各个项目的检测方法和标准一直不统一。1999 年 11 月 10 日，国际奥林匹克委员会在瑞士洛桑成立了"国际反兴奋剂组织"（WADA），终于制定了统一的标准。

WADA 的权威性从一开始就受到了多方质疑。2008 年 8 月 6 日，也就是北京奥运会开幕前两天，国际著名科学杂志《自然》（*Nature*）发表了一篇质疑兴奋剂检测科学性的文章，作者唐纳德·贝里（Donald Berry）教授是美国得克萨斯大学生物统计学系的系主任，他通过分析美国自行车运动员弗洛伊德·兰迪斯（Floyd Landis）在 2006 年环法自行车赛上被抓的案例，指出国际通用的兴奋剂检测手段非常不科学。

兰迪斯在获得那一届环法大赛的冠军后被查出服用了人工合成睾酮。根据 WADA 制定的兴奋剂检测标准，如果一个人尿样中的睾酮／表睾酮的比例大于 4，就说明该运动员有嫌疑，必须进一步接受检查。但是，去年发表的一篇研究报告发现，这个比例因人而异，变化范围很大。

瑞典卡罗林斯卡研究所的科学家招募了一批志愿者，按照 UGT2B17 基因的拷贝数的不同把他们分为三组：一组没有该基因，一组只含有一份拷贝，一组含有两份拷贝。然后科学家让他们服用等量的睾酮，结果在不含该基因的志愿者当中，有 40% 的人通过了兴奋剂检测，而在含有两份拷贝的志愿者中，睾酮的水平可以提高 20 倍以上。

UGT2B17 基因编码的酶可控制睾酮葡萄糖酸苷的生成，瑞典科学家的实验结果表明，缺乏这种酶的人有将近一半可以在睾酮检测中蒙混过关。

"任何科学实验都会有假阳性和假阴性。"贝里教授认为，"前者会冤枉好人，后者则会纵容作弊。两种情况都会使比赛出现不公平的情况，违背了兴奋剂检测的初衷。"

为了避免得出错误结论，科学家必须进行大规模随机双盲实验，测出两种情况出现的概率。但是，WADA 并不是这样工作的。根据贝里教授的介绍，国际反兴奋剂组织是一个相对封闭的研究机构，他们不公开自己的研究过程，也不公开兴奋剂检测标准的制定程序。通常他们只会招募少量志愿者，让他们服药，然后看看通过他们的方法是否能检测出来。

"这种办法非常不科学。正确的办法应该是招募大量志愿者，让他们随机服用兴奋剂和安慰剂，然后再去进行检测。只有这样才能知道在实际情况下假阴性和假阳性的出现概率，并依照这个数值修改兴奋剂检测标准。"贝里教授说，"举个例子，如果把 WADA 采用的方法当作某种疾病的检测法去申请美国 FDA 认证的话，肯定是不能通过的。"

"我们不可能这么做。"WADA 的一位发言人对记者说，"一旦我们公开了检测方法和手段，几天之内就会被兴奋剂制造商们学去，并制造出能逃过检测的新式兴奋剂。"

对于 WADA 的苦衷，贝里教授表示理解："确实，不可能给老鼠们传授鼠夹的制作技巧。但是，兴奋剂检测是一门科学，必须遵从科学规律。如果 WADA 不能向科学界公开他们的方法学，并接受同行们的检验，这就违反了科学界经过多年实践后达成的共识。"

看来，兴奋剂和反兴奋剂之间的较量远比我们想象的复杂。在这个拿块奥运会金牌就能带来成百上千万元收入的时代，作弊的诱惑和动力实在是太大了，这样的结果给现代奥林匹克运动蒙上了一层阴影，观众不知道是应该给那些破纪录的运动员鼓掌，还是赞扬他们服用的兴奋剂质量太好了。

据说本届奥运会的运动员尿样将被保存 30 年，但是，如果 30 年后才查出兴奋剂，对那些受害者来说，是不是太晚了呢？

"干脆取消兴奋剂检测好了。"《纽约时报》记者约翰·提尔内（John Tierney）不久前在该报发表了一篇评论，建议奥委会不再禁止运动员服药,而是对兴奋剂进行统一管理,把那些对运动员身体没有影响或者影响较小的兴奋剂解禁。

提尔内指出,如果将来有人研制出基因兴奋剂的话,从理论上讲几乎没有任何办法能检测出来,但是,如果使用得当的话,很多兴奋剂对人体的危害并不大。

"很多兴奋剂对人体的影响被有意地夸大了。"提尔内说,"这些人是为了维护奥林匹克运动的纯洁性,他们希望奥运会比赛是'天然'的而不是'人造'的。但是,要知道,以前奥林匹克可是禁止职业运动员参加的,后来不也解禁了吗?"

问题在于,假如真的到了那一天,还会有人关注奥林匹克吗?

（2008.11.17）

看起来很环保

很多看似环保的措施，如果仔细研究一下，反而是不环保的。

中央电视台播出过一个关于沙漠的科教片，主持人在片子播完后画蛇添足地评论说，要想遏制沙漠面积的扩展，最好的方法就是多种树。

美国西部曾经就是这么干的。那里以前是一片戈壁滩，一棵树都不长。谁知人工造林后沙漠化的速度反而更快了，稍微一刮风就黄沙漫天。科学家经过调查后发现，戈壁滩本来就缺水，只有苔藓能够在这种环境下成活。生长在地表的苔藓往往需要几千年的时间才能连成一片，把沙子固定住。如果因为种树破坏了这层苔藓，沙子就会很容易地被风吹起，向远处扩散，反而更不环保了。

从表面看，种树比砍树要环保。于是，美国加州地区的森林严禁砍树，林间充满了大量不同高度的小树苗。遇到火灾，这些小树就变成了梯子，地表火顺着梯子向上延伸，很容易烧到树冠。一旦树冠烧起来，火借风势，就很难控制了，这就是为什么加州大火一旦烧起来就几乎无法扑灭的原因。科学家建议加州政府适当砍树，把梯子撤掉，只有这样才能避免火灾造成的巨大损失。

同样，种树看上去很环保，但在缺水的地方种树，往往会加速水土流失，得不偿失。美国西南部的新墨西哥州就是这样，这里严重缺水，政府为了节水，采用补贴的方式鼓励当地农民改用滴灌灌溉技术（Drip Irrigation），也就是把水直接灌到农作物的根部，而不是像以前一样漫灌。这种新技术可以节约一半的灌溉用水，看上去很环保。

但是，新墨西哥州立大学的弗兰克·沃德（Frank Ward）教授并不这么认为。他做了一个调查，对比了两种灌溉技术的优缺点，结果发现，因为滴灌灌溉省水，再加上政府补贴，农民们越种越多，农作物也越长越大。这样一来，通过农作物的叶片蒸发到空气中的水分也就更多了。

沃德比较了采用不同灌溉技术的土地，发现采用滴灌的地方地下水流失的速度比漫灌快20%。沃德认为，漫灌法并不是像人们想象的那样，水都被浪费了。事实正相反，多余的水并没有被浪费，而是渗入地下，补充了地下水源。

沃德的这篇论文发表在2008年11月的《美国国家科学院院报》（*PNAS*）上。这件事说明了一个道理：很多看似环保的做法其实并不那么环保。

再举一个关于节水的例子。如果你去西班牙南部著名的旅游胜地阿利坎特海岸（Alicante Coast）旅游，可以有两种选择：海边的高档旅馆，或者租住内陆的独栋别墅。独栋别墅造型古朴，周围有草坪环绕，看上去比摩天大楼要环保多了。可是，巴塞罗那自治大学（Autonomous University）的戴维·萨乌里（David Sauri）教授从节水的角度研究了阿利坎特海岸的情况。这里本来缺水，以前只有 2000 个常住居民。变成旅游胜地后这里的常住居民人数上升到 6 万人，外加每年 500 万名游客，给当地带来了严重的水荒。萨乌里通过调查研究后发现，住旅馆的游客平均每人每天用水 174 ～ 361 升，租公寓的游客每人每天用水 72 ～ 359 升。但是，如果租的是带游泳池或草坪的乡下独栋别墅，每天耗水量则超过 2000 升。

如果再考虑到乡下独栋别墅都需要单独铺设输水管和排污设备，对环境的影响就更大了。萨乌里教授认为，那些高档旅馆虽然看起来很不环保，但如果计算一下平均每个游客对整体环境的影响，住旅馆反而是最环保的。

这个例子说明，要想判断某件事是否环保，必须在更大的尺度上观察。比如，煤电厂看似很不环保，没人愿意住在煤电厂附近。但是，政府是否应该把所有的煤电厂都搬到山沟里去呢？答案并不那么简单。

目前的煤电厂发电效率大都在 40% 以下，也就是说，烧煤产生的热量有 60% 都被浪费掉了。如果把余热收集起来，用来给城市供暖，就能有效地利用这部分能量。近年来科学家还发明了冷热电联产技术（CCHP），也就是用溴化锂吸收余热来制冷，这样夏天也可以充分利用余热，减少浪费。

采用冷热电联产技术的煤电厂能把综合能效提高到80%以上，这就等于把二氧化碳排放量降低了一半。但是，这样的电厂不能距离居民区太远，否则能效就将大大降低。所以，只要煤电厂的脱尘脱硫技术过关，噪声控制得当，建在居民区附近反而是最环保的。

（2008.12.29）

碳都到哪儿去了？

大自然的平衡能力是很强大的，但是有时候，面对突然产生的变故，大自然也无能为力。

地球的前半辈子是在二氧化碳的笼罩下度过的。

看看距离地球最近的两个小兄弟吧。金星和火星的大气层几乎全是由二氧化碳组成的，可2007年测得的数据显示，地球大气层中的二氧化碳浓度只有0.0384%，也就是384ppm（1ppm等于百万分之一），地球上的二氧化碳都到哪儿去了？

二氧化碳是著名的温室气体，它能让太阳光顺利通过，却会阻止地表热量的散失。金星的表面温度之所以高达500℃以上，主要原因就是温室效应。火星的大气层虽然也都是二氧化碳，但因为火星太小，大气浓度低，温室效应弱，所以火星表面温度常年维持在0℃以下。

地球和太阳的距离适中，但在地球形成的初期，太阳的辐射强度只有现在的1/4，为什么那时的地球没有被冻成冰球呢？最新的理论认为，正是由于二氧化碳产生的温室效应，地球的温度才不至于太冷，从而使水的三种形态都存在。液态的水（比如降雨）能够溶解空气中的二氧化碳，把它变为碳酸盐，沉积到岩石层中。地球的内部很热，沉积在地壳中的碳经常会随着火山喷发而重新变为二氧化碳释放到大气中，这就形成了一个碳循环。

经过几亿年，这个碳循环逐渐达到了某种平衡。空气中的二氧化碳浓度高了，地表温度就升高，海水蒸发速度便会加快，形成更多的雨水，把更多的二氧化碳带到地面，再被火山重新喷到空气中。空气中的二氧化碳浓度降低后，情况就正好相反，大气温度降低，降雨减少，碳沉积速度也跟着降低，但火山活动不受影响，所以大气中的二氧化碳浓度就会重新上升。

金星距离太阳太近，温度太高，水循环进行不下去，也就没法形成碳循环。火星则因为体积太小，内部冷得太快，火山活动不够剧烈，沉积的碳不能重新被释放到大气中，所以碳循环也被中止了。

由此可见，水真是个好东西。一方面，能通过自身的循环，带动碳循环，稳定地表温度；另一方面，液态水的化学结构非常适合作为溶剂，让各种分子在水溶液中进行随机碰撞，生命就是在这种碰撞中诞生的。

生命的诞生促成了另一个碳循环。众所周知，生命的基础是光合作用，就是利用太阳提供的能量，把二氧化碳中的碳元素提取出来，连接成一条长短不一的碳链。这样的碳链被称为"有机碳"，因为它既能作为建筑材料，搭建成生命所需的各种有机分子（碳水化合物、蛋白质和氨基酸等），又能燃烧自己，产生能量供生命使用。有机碳的燃烧过程又可以称为氧化反应，其产物就是二氧化碳和水。

生命是在大约35亿年前出现的，经过十几亿年的积累，碳循环再度达到了一种动态的平衡。通过生物圈进行循环的碳的总量是巨大的，据估计，地球大气层中每年有大约1100亿吨的碳被光合作用转化成有机碳，其中99.99%又通过氧化反应被重新释放到大气中，只有不到0.01%因为地质变动的原因而留在了地壳里。别看这是一个很小的数字，但经过很多年后，累积起来就非常可观了。科学家估计，留在地壳中的有机碳是生物圈有机碳总量的2.6万倍！难怪地球大气中的二氧化碳浓度变得如此之低，大部分碳元素都被以各种形式留在了地下。

假如这些有机碳都能被人类利用的话，根本就不会有什么能源危机了，可惜的是，绝大部分有机碳都无法被人类利用，只有在某些特殊的条件下，这些有机碳才能变成我们所熟悉的化石能源。

拿石油来说。石油的形成需要四个条件，缺一不可。首先，有机碳必须被密封在一个完全无氧的地方，比如某些特殊情况下的海底淤泥层。其次，有机碳必须被适当的高温蒸煮，好让原本很长的碳链断裂，变成只有 5 ~ 20 个碳的短碳链，这就是所谓的"原油"。这样的温度条件只有地下2200 ~ 4500米的地方才有，所以这个地段被称为"油窗"。

第三，石油比水轻，只要稍微有个裂缝就会漏出地面，地球上已形成的原油中有超过 90% 都是这么被浪费掉的。第四，刚刚形成的原油存在于岩石的孔隙中，必须先被某种带有微孔的岩石过滤并集中，才能变成具有开采价值的油田。

所以说，地下有油的国家实在是太幸运了。

别小看这点化石能源，如果在短时间内被大量开采出来并燃烧掉的话，产生的二氧化碳也是很可观的。目前人类每年因燃烧化石能源而向大气中排放约 75 亿吨碳，相比之下，因火山爆发而排放出来的碳还不到人类排放量的 1%。

南极冰钻的结果证明，地球大气中的二氧化碳浓度在过去的一万年里一直在 260～280ppm 范围内波动，但自工业化以来这个数字就开始逐年上升，目前已经接近 400ppm。如果仅仅计算因燃烧化石能源而产生的二氧化碳排放，这个数字还应该再增加一倍。但是有证据显示，大气中二氧化碳浓度的提高加快了森林的生长速度，促进了土壤对二氧化碳的吸收，这说明大自然正在努力地试图平衡人类带来的影响。

但是，大自然的平衡能力是有限的，面对突然多出来的这些碳，大自然一时也应付不过来了，人类必须自己想办法。

（2009.1.5）

人这种动物

人除了脑袋比较聪明以外，还有什么地方比动物更强？

如果办一届哺乳动物奥运会，人类选手能拿几块金牌？

人的听觉不如羚羊，嗅觉不如猫狗，视觉比不过狮子，力量比不过狗熊，陆上跑不过猎豹，水里游不过海豹，人的免疫系统更是比不过任何一种野生动物。如果把一个人脱光衣服放到野外，他能活下来吗？

先别急着下结论。人类不光智慧超群，确实也有几样其他动物没有的特长。否则的话，我们的祖先是怎样在非洲草原上活下来的呢？

耐热之王

人类天生害怕黑夜，这是有道理的。

几百万年前发生的一场大旱把一群非洲黑猩猩从树林里赶了出来，强迫它们在一马平川的草原上讨生活。黑猩猩们很快发现，一旦失去了树林的保护，黑夜就成了它们的噩梦。非洲的白天太热了，食肉动物们只能躲在树荫下休息，等待太阳下山。黑夜的来临宣告了野兽们开饭的时间到了，它们躲在暗处，依靠出色的嗅觉和夜视觉寻找猎物，然后伺机而动。一百多年前有个英国陆军中尉带着一群黑奴在非洲的大草原上修铁路，他这样描述自己的遭遇：

> 一连十个月，每天晚上营地周围都会响起狮子低沉的吼叫声。我带着一支点303口径的步枪躲在一棵大树上，却怎么也遇不到一头狮子。它们躲在暗处慢慢向营地靠近，一旦锁定了目标，就再也听不到任何声响，直到从某个帐篷里传来撕心裂肺的求救声，我知道又有一名工人被狮子吃掉了。这样的事情几乎每天都在上演。

黑猩猩的嗅觉和夜视觉都不够灵敏，在黑夜中完全不是狮子的对手，只能躲在巢穴里不敢出去。但它们总得出去觅食，炎热的正午是它们唯一的希望。经过多年的自然选择，终于有一批黑猩猩进化出一整套高效的散热系统，变成了非洲大地上的耐热之王。

哺乳动物最怕热的部分就是大脑。大脑是单位体积产生热量最多的器官，也是对温度变化最敏感的器官。要想为大脑降温，必须加快血液循环，让血液把大脑产生的热量带走。

为了解决这个问题，非洲大象进化出了一对超级扇风耳。大象的耳朵上布满了毛细血管，血液流经这里时，热量就散发掉了。那么，为什么亚洲象的耳朵要比非洲象小很多呢？想想亚洲的自然环境吧。亚洲有大量的森林可以遮阴，对散热的需求远不如非洲那么强烈。

非洲只有大象进化出了这个办法。对于其他那些体形较小的动物而言，一对大耳朵很不方便，只有另想办法，加快血液的散热效率。

通常情况下，大脑产生的静脉血被颅腔中的"脑膜静脉"（Meningeal Vein）和"板障静脉"（Diploic Vein）运送至颅腔根部的静脉窦，再从这里穿出颅腔，进入位于脖子后方的"脊椎静脉丛"（Vertebral Venous Plexus），并最终流进肺里。这条通路自始至终都不和皮肤接触，静脉血中的热量无法被释放到空气中。

某些哺乳动物进化出第二条通路。它们的头盖骨上开了许多小孔，名叫"蝶导静脉孔"（Emissary Foramina），大脑产生的静脉血通过这些细小的蝶导静脉直接穿出头盖骨，然后通过遍布在头皮下方的毛细血管流向"脊椎静脉丛"，再流到肺里去。头皮是很好的散热器，静脉血在流过头皮时能够和空气充分地交换热量，难怪科学家把这些遍布在头皮下方的毛细血管叫作"静脉散热系统"（Radiator Network of Veins）。

"蝶导静脉孔"的数量越多，孔径越大，第二条通路也就越发达，对第一条通路的需求也就越小，第一条通路必经的静脉窦也会变得越来越小。静脉窦穿出颅腔时在颅腔根部形成了一个血槽，静脉窦越粗，血槽的直径也就越大。考古学家显然没法直接测量人类祖先们的静脉丛的大小，但却可以通过测量颅骨上的"蝶导静脉孔"和静脉窦穿出颅腔所留下的血槽的直径，间接地估算出大脑散热系统的工作效率。

结果不出所料，越是和现代人类接近的猿人头盖骨化石，"蝶导静脉孔"越多，直径越大，而血槽也越浅，说明它们的散热效率也就越高。早期的直立人在散热方面远比羚羊、大象、长颈鹿和狮子等非洲哺乳动物要高得多，正是依靠这套高效的散热系统，直立人才敢在非洲炎热的下午走出藏身洞穴四处觅食，并依靠这一顿午饭活了下来，最终进化出了人类。

耐力之王

谁是非洲之王？不是狮子，也不是大象，而是人。

这并不仅指掌握了现代武器的人。那些手里只有长矛的非洲原住民，同样担得起"非洲之王"的称号。2000 年上映的纪录片《伟大的舞蹈家：猎人故事》（*The Great Dancer: A Hunter's Story*）真实地记录了南非土著闪族（San）的猎人是如何打猎的，我们从中可以看出人类的祖先究竟凭什么在非洲称王。

闪族人个头很矮，力量有限，要论单打独斗，即使有了长矛也很难胜过非洲的大部分野生动物。于是，闪族人学会了合作，依靠集体的力量和野兽周旋。但是即便如此，野兽们也很容易逃脱。要知道，一只非洲牛羚的奔跑速度可以达到每小时50公里，更别说猎豹了。非洲大象和狮子也不是好惹的，它们不但速度快，而且都异常凶猛，很难对付。

于是，闪族人只能依靠自身的一项绝技来对付野生动物们，那就是超常的耐力。牛羚的瞬时速度虽然快，但只能维持几分钟，否则就会被急速升高的体温烧死，一个经过训练的闪族猎人可以在炎热的中午，以每小时接近20公里的速度连续奔跑四五个小时！在那部电影中我们可以看到，非洲猎人们采用的就是持久战的办法，遇到合适的猎物便展开长途追击，直到把猎物追得完全没了力气，只能站在原地等死。这时候，猎人们就可以安全地接近猎物，把长矛插进猎物的心脏。

在所有的非洲哺乳动物当中，人的耐力是最好的，这和人类的身体结构密切相关。首先，人是汗腺最发达的哺乳动物，狗和猪都没有汗腺，一些食草动物虽然有汗腺，但都不如人类发达。在剧烈运动的情况下，一匹马每平方米皮肤每小时大约可以排汗100克，骆驼为250克，人可以达到惊人的500克！也就是说，一个成年人在剧烈运动时每小时大约可以排出1～1.5升汗水，这些汗水可以带走相当于一个600瓦白炽灯泡所产生的热量。

为了进一步提高汗液的散热效率，人类逐渐脱掉了体毛，变成了"裸猿"。为了弥补体毛遮挡阳光的功能，人类又逐渐进化出了黑色的皮肤，用来抵抗紫外线对皮肤造成的伤害。

长时间的奔跑需要大量的氧气，这就对动物的呼吸效率提出了很高的要求。大部分四蹄哺乳动物的呼吸都是被动式的，也就是说，它们并不能自主地控制呼吸的频率和深度，而是只能依靠四肢在奔跑时的动作，顺便带动胸腔的扩张和收缩，进行被动式呼吸。另外，大部分非洲哺乳动物都只能通过鼻孔呼吸，这就大大限制了它们的呼吸效率。

经过多年演变，人类逐渐进化出了主动式呼吸，呼吸的频率和深度完全可以自由控制。另外，人类又进化出一套用嘴呼吸的方式，这就进一步提高了人类的呼吸效率。于是，体形弱小的人类最终进化成为非洲大陆上最有耐力的哺乳动物。

人类就是依靠超强的耐力，逐渐打败了非洲大陆上所有的野生动物，成为非洲之王。

尾声

接下来发生的事情就顺理成章了。超强的耐热能力使得人类可以自由地进化出一个超级大脑，主动式的呼吸方式使得人类可以自由地控制声调，为语言的出现做好了准备。有了超级大脑和语言，人类逐渐进化出了思想，然后依靠思想的力量，发明出一系列工具，帮助人类弥补了自身的缺陷，逐渐占领了整个地球。

（2009.1.12）

有机蔬菜也靠不住了

普通蔬菜的叶子上很可能会沾有农药，
有机蔬菜的叶子里很可能会有抗生素。

从多宝鱼到福寿螺，从红心鸭蛋到三鹿奶粉……近年来发生的大多数食品安全事故似乎都和动物制品有关。

确实，畜牧业一直是最容易出安全问题的高危行业。不过，近年发生的这几大事应该说只是缘于少数不法分子的违规操作，比较容易解决。事实上，畜牧业对人体健康最大的危害来自该行业内普遍存在的一项潜规则：抗生素的滥用。

抗生素不但能让动物少生病，还能让动物少吃饲料多长肉，所以大多数饲养场老板都很乐意使用抗生素。据统计，目前全球每年消耗的抗生素有 90% 以上都被用在了畜牧业，其中大部分被作为添加剂加入到饲料中。仅在美国，每年就有超过一万吨抗生素进入了家禽家畜体内，然后再被运到各个国家超市里的肉制品和奶制品柜台上。

滥用抗生素能加速有害细菌产生抗药性，导致常规的抗生素治疗失效，其潜在后果远比三聚氰胺严重。前几年曾经在西方国家引发恐慌的"超级病菌"（MRSA，一种能抗多种抗生素的金黄色葡萄球菌）就是滥用抗生素导致的恶果。

既然如此，是不是吃素就能一劳永逸呢？答案并不是那么简单。

目前市场上出售的大部分蔬菜的主要问题是残留农药，这一条不用多解释。那么，有机蔬菜是不是就没有问题了呢？答案是否定的。几乎所有那些标榜不施农药和化肥的"有机蔬菜"都必须依靠有机肥，而有机肥中又有相当一部分来自家禽家畜等动物（包括人类）的粪便，这就给消费者提出了一个新问题：动物吃下去的抗生素到底有多少会随排泄物排出体外？其中又会有多少进入蔬菜中？

为了回答这个问题，美国明尼苏达大学的科学家专门进行了一个试验。他们首先测量了家畜排泄物中的抗生素含量，发现大约有 90% 的抗生素都会原封不动地随着排泄物排出体外，而其中的绝大部分又会随着粪便被施到农田里。

科学家们在一个塑料大棚里种植了玉米、绿葱、卷心菜、土豆和生菜，然后在土壤里施以动物粪便，六周后就在蔬菜中发现了金霉素（Chlortetracycline）和磺胺二甲基嘧啶（Sulfamethazine），它们都是美国畜牧业很喜欢使用的抗生素。

"试验只进行了六周，抗生素就被吸收到了叶片中。"参与试验的科学家霍利·多利夫（Holly Dolliver）教授说，"如果让农作物正常生长一季，抗生素肯定会进入其他部位，包括人们爱吃的那些部位。"

"不过我不大担心玉米，因为人们不会生吃玉米。大多数抗生素不耐热，当玉米被烤成玉米饼，或者被制成玉米油后，其中的抗生素就会被分解掉。"多利夫教授补充说，"我最担心的是那些可以生吃的蔬菜，比如生菜和菠菜，人们通常只是把它们洗干净就直接吃掉了，其中含有的抗生素很容易被人体吸收。"

该研究项目的主持人、美国明尼苏达大学教授萨提什·顾普塔（Satish Gupta）认为，最让人担心的是那些块茎类蔬菜，比如土豆和萝卜，"它们可吃的部分埋藏在土壤里，一直和抗生素保持亲密接触，吸收的抗生素比叶片要多很多"。

种菜要想不靠有机肥几乎是不可能的，解决问题的唯一办法就是减少有机肥中的抗生素含量。事实上，即使不被农作物吸收，施到土壤中的抗生素也会逐渐渗透到地下水中，污染当地水源，或者被各种昆虫和老鼠等动物吃进体内，让具有抗药性的病菌传播开来。正因为如此，欧盟于2006年颁布了一项法律，禁止在畜牧业中使用抗生素来提高产量。中国也有类似的法律，但是，执行起来却相当困难。在目前的卫生条件下，如果不用抗生素，家禽和家畜的发病率必然会大大提高，让饲养场老板们蒙受不必要的损失。

这个矛盾应该如何解决呢？顾普塔提出了一个办法：堆肥。试验证明，堆肥能提高肥料的温度，让细菌更好地分解抗生素。美国农业部设在马里兰州的一个研究机构曾经做过一个试验，在肥堆上插入麦秸秆，让空气能自由流通到堆肥的内部，加快好氧细菌的繁殖速度。活跃的好氧细菌能大大提高堆肥内部的温度，只要 10 ～ 25 天就能分解粪便中的绝大部分抗生素。

目前，科学家们正在进一步研究这一方法的可行性，争取为有机农业制定一项新的行业标准，最大限度地阻止抗生素进入土壤和蔬菜当中。在此之前，吃生菜的时候还是要小心一点，即使是有机蔬菜也不例外。

（2009.1.26）

血为什么总是热的？

....

进化论提供了一种思路，可以帮助你理
解很多日常现象。

进化论最大的特点就是认死理。

比如，生物可以进化出像眼睛这样既复杂又精密的器
官，却没法进化出一把机关枪。机关枪多有用啊！想想看，
假如有只老虎进化出一把机关枪，那它肯定打遍天下无敌
手，想吃谁就吃谁。

这件事为什么没有发生呢？原来，进化是遵循一定的规
则，循序渐进地发生的。眼睛之所以能被进化出来，是因为
眼睛在进化过程的每一步对于动物而言都是有用的。博物学
家们已经找到进化至各种不同程度的眼睛，最简单的仅仅是
一小块聚集在一起的感光细胞，然后这块细胞凹了进去，以
便于光线聚焦。凹到一定程度就闭合起来，形成了原始的眼
球。再后来又逐渐进化出晶状体、虹膜、瞳孔……这中间的
每一步都比上一步更好一些，也更有用一些。眼睛就是这样
一步一步进化而来的。

机关枪就不同了。光是进化出一个扳机对于动物而言一

点用处也没有，枪管、弹夹、瞄准器同样如此。那只老虎必须同时进化出机关枪的所有组件，才能进化出一挺机关枪，这显然是不可能的。所以说，进化论认死理。不管机关枪多么有用，它永远也不可能被进化出来，只能人造。

别小看这个例子，它背后的逻辑是非常有用的。比如，目前治疗艾滋病最有效的鸡尾酒疗法就是利用了进化论的这个特点。照理说，HIV 既然能变异出对付一种药物的新种，为什么不能变异出同时对付三种药物的变种呢？从进化的角度看，这就等于让老虎"碰巧"同时进化出枪身、弹夹和子弹，然后组合成一把机关枪！很显然这种事发生的概率是很小的，仅仅进化出"枪身"的 HIV 造不出"机关枪"，对付不了另外两种抗艾滋药。

进化论这一认死理的特点还表现在其他很多方面。让我们试着用进化论分析一个看似简单的问题：温血动物的血为什么总是热的？

众所周知，大部分鸟类和哺乳动物都属于温血动物，不管环境温度如何变化，它们的体温总是维持在一个很小的范围内。冷血动物就没有这个本事，它们的体温只能随着环境温度的变化而变化，天气冷了它们的血也会随着变冷。

温血动物的这个特点到底有什么好处？通常的说法是，体温恒定的动物能够永远保持活动能力，一年四季都可以出去捕食。于是有人推测说，最先进化出恒温机制的是小型食肉动物，因为它们最需要保持体温。这个说法看似合理，但却经不起推敲。据统计，动物的体温每升高 10℃，其新陈代谢的速率就会提高一倍。一般情况下，温血动物的进食量是同等重量冷血动物的 5 ～ 10 倍。由此可见，维持高体温需要付出高昂的代价，不一定就划算。

另外，很多冷血动物进化出了更为灵活的机制来对付这个难题。比如，剑鱼在捕猎时会选择性地把眼睛和大脑的温度升高；很多种类的蜜蜂在起飞前都会快速地扇动翅膀，迅速提高翅膀肌肉的温度；某些蜂鸟和蝙蝠会在晚上不活动的时候进入蛰伏期，体温显著降低以节约能量。上述这些动物的成功说明，维持体温恒定并不一定就是动物们保持活性的唯一选择。

就在 2008 年，荷兰生态学院（Netherlands Institute of Ecology）的马塞尔·克拉森（Marcel Klaassen）博士和巴特·诺莱特（Bart Nolet）博士在《生态学通讯》杂志上发表了一篇论文，提出了一个新的理论。他们认为，体温恒定机制的进化与氮元素的代谢有关。

氮元素对于生命的重要性是不容置疑的。蛋白质、DNA 和 RNA 分子都含有大量的氮元素，如果食物中缺乏氮，生命的发育和新陈代谢就会受到抑制。从食物的角度来讲，大部分绿叶植物都有一个显而易见的缺点：缺氮。植物中的有机碳含量要远多于氮，假设一只兔子每天吃一篮子绿叶就能摄取到足够多的碳水化合物，但这篮叶子所提供的氮元素只能让它获得每日需要量的 1/5，怎么办？

"最好的解决办法就是每天吃五篮子叶子。"克拉森博士说，"然后把多余的四篮子叶子烧掉。"

这里的"烧"就是代谢的意思，即通过氧化反应，把叶子里所含的碳水化合物变成二氧化碳和水，同时产生能量。既然这只兔子每天都要多吃四篮子碳水化合物，多出来的能量就只能变成热量，用来维持高体温。

这个解释看起来很"笨"，对吧？为什么兔子们不能进化出一种更加高效的办法，比如选择性地吸收叶子里的氮，而把其余的碳水化合物通过粪便的方式排出体外呢？这个方法看似很经济，但反而需要专门进化出一整套选择性吸收氮元素的机制，这并不是一件容易的事情。另外，这样做的结果就是每天还要多排泄很多废物。相比之下，把多余的碳水化合物一"烧"了之，产生的二氧化碳只要喘口气就可以很容易地排掉了。

2008年还有一项新发现有助于解释恒温机制的进化。原来，温血动物在胚胎发育初期并不具备恒温能力，当胚胎发育到一定阶段时，似乎某个开关被打开了，胚胎立刻就有了这个能力。来自澳大利亚悉尼大学的一个研究小组发现，小鸡胚胎细胞中的一个名叫PGC-1α的细胞因子正是这样一个生物开关。换句话说，我们很容易想象，在远古时期某个动物的PGC-1α发生了一个简单突变，让这只动物具备了恒温能力。

当然，目前该理论还只是一个假说而已。克拉森和诺莱特博士正在积极寻找支持自己理论的化石证据。但是，如果没有进化论，这样一个看似很不合理的假说是不可能被提出来的，否则造物主也太傻了点。

（2009.3.2）

人为什么怕生？

用进化论来解释人类行为，虽然听起来
有些玄，却也没别的办法。

　　科学家就是那种凡事都要问个为什么的人。正是因为科学家们的努力，人类已经从原子水平上解释了打雷、下雨、着火、结冰等等很多自然现象的发生原因。

　　科学研究的主要手段就是做实验，具体说，就是通过有目的地改变某个参数，然后对这种改变造成的后果进行定量研究，从而发现其背后的规律。但是，很多事情是没法做实验的。比如，有谁见过天文学家试着改变星球的速度或者质量吗？这显然是不可能的，但却并不妨碍天文学成为最有公信力的学科。没人会对天文学家所做的日食预报产生任何怀疑，因为他们几乎从来没有出过错。这是为什么呢？原因很简单：天体的运动只需要遵从少数几条物理定律就可以了，天文学家完全可以通过观测加推理，把这些规律找出来。

　　但在生物学领域，尤其是动物行为方面，这个做法就行不通了。

　　动物行为学家最喜欢研究的是一种名叫秀丽隐杆

（Caenorhabditis elegans）的线虫。这种线虫生活在土壤中，长约 1 毫米，通体透明，每个细胞都能在显微镜下看得清清楚楚。自从 35 年前南非科学家西德尼·布雷纳（Sydney Brenner）开始将它作为模型生物加以研究以来，科学家们已经搞清了它体内所有一千多个细胞的来龙去脉。这其中有 302 个是神经细胞，科学家们不但知道每一个神经细胞的位置，甚至连它们之间所有的链接方式都知道得一清二楚。事实上，线虫的神经系统几乎是世上已知的最简单的神经系统，非常适合用来研究神经系统和动物行为之间的关系。

线虫有两种觅食方式：扎堆和单挑。科学家们研究了很多年，不但搞清了促成这两种方式的原因，而且找出了参与整个过程的大部分有机分子。原来，线虫吃的是土壤里的细菌，细菌需要氧气才能存活，因此有大量细菌的地方氧气含量肯定较低。但是线虫本身也需要氧气，所以它们也不喜欢在氧气浓度太低的地方活动。扎堆和单挑正是线虫应对不同环境的最佳方法。

瑞典哥德堡大学的科学家马里奥·迪波诺（Mario de Bono）及其同事在 2009 年 3 月 4 日出版的《自然》杂志网络版上发表了一篇论文，指出线虫体内一种名为 GLB-5 的六角形球蛋白在决定线虫觅食行为方面起着重要作用。这种球蛋白可以和氧气分子结合，从而改变神经细胞的兴奋程度，进而决定了线虫究竟采取怎样的行为模式。

当然了，上面这段解释只是一个过于简化的版本，要想真正把决定线虫觅食行为的分子基础解释清楚，恐怕需要写一本书才行。但这个领域的研究更多是出于穷追事理的需要，因为线虫研究者们早就搞清了不同行为背后的目的和规律，或者说，线虫的所有行为都可以用进化论圆满地加以解释。

线虫非常简单，其觅食行为也只有两种模式，使得科学家们有可能从分子水平上解释清楚。与之相比，人类行为的复杂性要比线虫高太多了，起码在可预见的未来，科学家们不可能像研究线虫那样，把决定人类行为的所有分子基础都研究得清清楚楚。最起码，出于道德的考虑，科学家们不可能对人的大脑进行像线虫那样的科学实验，因此人类行为领域的研究只能另辟蹊径，从进化论入手，依靠逻辑思维，找出其内在规律。

举例说，世界各地的人似乎天生都不喜欢长相奇特的人，也不喜欢和陌生人打交道，这是为什么呢？加拿大英属哥伦比亚大学的动物行为学家马克·夏勒（Mark Schaller）博士提出了一个新理论。在他看来，人类的很多行为都是为了避免得传染病。脸上有瘢痕或者皮肤颜色不正常的人往往都是传染病造成的，避免和这些人接触显然在进化上是有利的。同样，陌生人也很可能从别的部落带来某种致命的传染病，因此大部分人似乎天生都带有某种"怕生"基因。

那么，当我们看到一个脸上有块黑疤的人之后，脑子里究竟发生了怎样的化学变化？当我们看到一个陌生的面孔时，体内到底哪个基因被激活了？科学家们不可能回答出这些问题，因为他们没办法对人脑进行像线虫那样的生化实验。他们只能旁敲侧击，通过一些间接办法验证夏勒理论的正确性。

比如，假如这个理论是正确的，那么最容易受到感染的人群应该对陌生人最敏感才对。众所周知，为了不对胚胎发动错误的攻击，怀孕头三个月的孕妇体内的免疫系统会处于暂时的休眠状态。来自美国密歇根州立大学的心理学家卡洛斯·纳瓦雷特（Carlos Navarrete）对比了处于这一时期的孕妇和怀孕后六个月的孕妇对待外国人的态度，发现前者往往会更"爱国"，更不能忍受外国人对美国的批评。纳瓦雷特认为这说明处于危险期的妇女对外来物种的潜在风险更加敏感，这一点正好是夏勒博士的理论所预期的。

夏勒博士本人曾经对世界上 71 个国家和地区的国民性格做了对比分析，结果发现，凡是那些历史上遭受严重的传染病流行的国家（比如尼日利亚和巴西），其国民性往往比那些相对安全的国家（比如瑞典和加拿大）更保守、更排外。

（2009.3.23）

像地球人那样思考

東西方思维方式可以很容易地互换，我们每个人都可以像地球人一样思考。

　　一张纸上画了一只鸡、一头牛和一片草地，要求你把这三样东西分成两组，你会怎么分呢？美国印第安纳大学的心理学家邱莲黄（音译）把这道题分别给美国和中国台湾地区的儿童做，发现美国孩子更喜欢把鸡和牛分在一组，中国孩子则更倾向于把牛和草地分在一起。邱莲黄认为，美国孩子善于分析不同物体各自的特征，牛和鸡都属于动物，因此被归为一组。中国孩子则把不同物体之间的联系看得更重，因为牛吃草，所以牛和草地被分在了一起。

　　美国密歇根大学的心理学教授理查德·尼斯贝特（Richard Nisbett）曾经给中美大学生出过一道类似的题，结果发现，美国大学生喜欢把猴子和大熊猫分在一组，中国大学生则会把猴子跟香蕉配对。

　　这是心理学领域具有代表性的一类经典实验，为的是研究东西方思维差异的根源究竟在哪里。说到这个话题，大部分人都会认为，以欧美人为代表的西方人擅长逻辑思维，善于分析每个物体各自不同的性状，而以中、日两国为代表的东方人则擅长整体思维，对不同物体间的关系更敏感。

但是，现实生活中的思维差异太过复杂，必须把它简化成具有象征意义的符号才能科学地加以研究。尼斯贝特教授曾经借助一种能够跟踪人眼球活动的仪器，分析过中、美两国的志愿者对同一个事物的关注点到底有何不同。他让志愿者们欣赏同一张老虎照片，结果发现，美国人迅速地把目光集中到老虎身上，在它身上停留的时间也更长；而中国人的关注点更多在老虎和周围环境之间游走。

究竟为什么会有这样的区别呢？尼斯贝特教授于 2003 年出版了一本名为《思维的地理学》（*The Geography of Thought*）的书，提出了一个新颖的观点。在他看来，西方文化的基础来自古希腊，那地方地形复杂，无论种田还是放牧规模都不大，这就让希腊人养成了一种独立精神。相反，中国很早就统一了，中原地区连成一片的土地使中国人从很早开始就必须学会相互合作，并在合作过程中形成了一套严格的等级制度。生活在这种环境里的中国人必须学会察言观色，这就让中国人更善于从整体来看问题，而不仅局限于细枝末节。

如果这个理论是正确的，那就意味着一个人的思维方式早就被他的出身所决定，很难更改。幸运的是，这个带有种族歧视嫌疑的理论近年来不断受到挑战。新的实验证据证明，这两种思维方式可以很容易地互换。

美国得克萨斯大学奥斯汀分校的心理学教授阿特·马克曼（Art Markman）就曾经做过一个实验。他先让一组美国志愿者回忆自己被同伴抛弃的情景，然后让他们做一个心理测试，结果发现，他们比对照组更看重个体和环境之间的关系，换句话说，他们的表现更像东方人。

另一个反向实验得出了类似的结论。实验者让一组来自东亚的志愿者事先想象自己在玩网球（单打），然后再去做心理测试，结果他们立刻变得更加崇尚个人主义，或者换个说法，更偏向"西方人"。

美国加州大学河滨分校的心理学教师维罗妮卡·本内特－马汀内兹（Verónica Benet-Martínez）通过实验证明，东方人只要试着把自己想象成西方人，就能换一种思维方式。她让一组来自中国香港的学生事先看一眼美国国旗，然后去做心理测试，结果便会偏向西方。让他们事先看一眼中国标志，比如龙图案，其结果便会偏向东方。

尼斯贝特教授的同事、同样来自密歇根大学的心理学家戴夫娜·欧瑟曼（Daphna Oyserman）教授在全球范围内检索到 67 个类似的心理学实验，发现这些实验都证明一个人的思维方式可以非常轻易地被改变。"我们无法证明历史是否真的能决定一个人的思维模式，但我们通过实验证明，一个人的生活环境对他的思维方式影响巨大。"欧瑟曼教授总结说："东西方思维方式并不是固定在人的脑子里，我们每个人都可以用这两种方式来思维，只不过因为生活环境不同，某种方式用得多一点而已。"

无数历史事实证明，东西方思维方式各有千秋，谁也无法取代谁。但不同的文化往往倾向于鼓励某一种思维方式，压抑另一种。在欧瑟曼看来，这种偏向是毫无必要的。毕竟我们都是地球人，应当学会如何在两种思维方式之间自如地转换，才能做到各取所长。

（2009.1.20）

辑 二

生命的实验

来来来，大家一起做实验

全民科学实验稍不留神就会变成"伪科学"。

    科普的最高境界不是塞给老百姓越来越多的科学知识，而是让大家都来参与科学研究。不过，这样的全民科学实验稍不留神就会变成"伪科学"，因为很多人并不掌握准确的科学方法。

    2004年美国最著名的一项"民间"科学实验莫过于"麦当劳实验"。一个叫斯普尔洛克的家伙每天吃三顿麦当劳，连吃了一个月。结果他长了25磅肥肉，身心疲惫不堪。他把整个过程拍了下来，剪成一部名叫《超码的我》的纪录片，在世界范围内引起了不小的轰动。

    2005年，这项"麦当劳实验"又冒出来一个新的民间参与者——索索·维利，她同样在一个月内只吃麦当劳快餐，而且进行了三个月这样"残忍"的人体实验，结果却让她从175磅减到了139磅！她也把自己进行实验的过程拍成了纪录片，名叫《我和小麦》。不过我敢打赌这部电影的"钱景"肯定比不上《超码的我》，因为现在纪录片最大的观众群是自由知识分子，而维利居然把他们痛恨的全球化代表——麦当劳亲切地称为"小麦"，简直是找死。

好了，让我们放弃左右之争，站在中立的科学立场上来看看这两个实验为什么得出了相反的结论。一个好的科学实验必须具备三大要素：一个好的假说，一群数量够大的实验对象，一个公正的评判标准。上述两个实验哪一条都不具备。斯普尔洛克一心想证明麦当劳快餐是不好的，于是他每天都吃过量的食品，而且故意不锻炼身体，把自己当猪养。而维利则一心想推翻斯普尔洛克的结论，于是她按照麦当劳依法提供的营养成分表来定餐，每顿不超过 2000 卡路里（斯普尔洛克的数字是 5000 卡路里）……所以说，两者的差别肯定不是麦当劳造成的，而是别的很多因素在起作用。

让我们来看看真正的科学家是怎么做实验的。德国慕尼黑大学的林德博士 2005 年 5 月发表了一份研究报告，对针灸治疗偏头痛的效果进行了研究。他找来 302 个志愿者，把他们随机分成三组，一组接受针灸专家的治疗，一组什么治疗也没有，最后一组则接受"伪针灸"治疗，即由这些专家在穴位以外的地方用针。林德博士让这些病人每天用文字记录自己的偏头痛症状，然后对这些日记进行评估。非常值得一提的是，这是一个典型的"双盲实验"，也就是说，患者不知道自己被分在了哪个组，读日记的专家也不知道他们读的是哪组患者的日记。这样做的原因是为了避免心理因素对实验的结果和评判标准造成偏差。结果，接受针灸治疗的患者中有51%的人有显著效果（偏头痛天数比正常平均值少两天以上），而对照组只有15%。有趣的是，接受"伪针灸"的患者组中这个数字是53%，显示针灸的"真伪"对疗效没有影响。于是，林德做出结论：针灸确实有效，但原因不是什么"经络学说"，而可能是患者的心理作用，或者针刺刺激对身体产生了非特定性的作用，比如刺激身体分泌止痛激素等等。

据说这是迄今为止最大的一项关于针灸的科学实验，以前的一些小规模实验也都没法证明经络学说的科学性，但却都发现针灸确实有效，难怪美国国立卫生研究院（NIH）发表过一份公告，在质疑针灸科学性的同时也没有禁止针灸在美国的使用，而且鼓励科学家进行更大规模的研究。与此相比，一种流传于美国印第安人中的治感冒特效药"紫锥花"却在最近被证明无效。这是美国最常用的一种治疗感冒的草药，每年的销售额超过1.5亿美元。安利公司曾经把这种药进口到了中国，在广告中罗列了一大堆"疗效"，卖得非常贵。2005年7月份美国媒体公布了一项迄今为止最大规模的科学实验，弗吉尼亚医学院的科学家找来400名志愿者，他们不但被随机分成了实验组和对照组，而且也采用了"双盲实验法"。为了准确测定感冒的程度，研究人员甚至收集了所有病人的鼻涕！实验结果发现，"紫锥花"和安慰剂没有任何区别。

之所以举了两个"另类医疗"方面的例子，是因为这是

"民间科学家"最喜欢进行实验的领域。"紫锥花"被印第安人使用了二百多年，针灸则有两千多年的历史，中药的历史甚至还要长。它们全都是民间科学家实验了多年的产物，但其中的大多数都没有得到现代科学的认可，其原因就是民间实验不符合科学的标准。

这并不能说"另类医疗"都无效，只是这类疗法要想得到欧美主流科学界的认同，必须按照人家的标准做实验才行，这是中医"走向世界"的唯一通道。

（2005.8.29）

老诺来得正是时候

....

诺贝尔奖的认可终于让那些对科学持怀
疑态度的医生们闭嘴了。

2005 年的诺贝尔生理学或医学奖颁给了澳大利亚科学
家巴里·马歇尔和罗宾·沃伦，以表彰他们发现了胃溃疡的
真正元凶——幽门螺杆菌。这项大奖来得正是时候，因为马
歇尔和沃伦的这项划时代的发现多年来一直被"另类医学"
的拥护者们用来攻击"故步自封"的主流医学。

按照那些江湖郎中的说法，当初马歇尔和沃伦的惊人发
现一直被主流医学界当作异类，遭到了医学权威们的一致排
斥。为了和主流医学"抗争"，马歇尔甚至拿自己做实验，
服用了活的菌株，却仍然没有说服"守旧"的主流科学界。
以此类推，如今在地下诊所活跃着的众多另类的"赤脚医
生"也应该得到主流科学界的尊重才对。

那么，实际情况是怎样的呢？ 2004 年底《怀疑的探索
者》杂志刊登了医学博士金保尔·阿特伍德四世撰写的文
章，详细说明了这项伟大的发现为什么会被主流医学界"耽
搁"了几年的真正原因。

众所周知，此前医学界都认为胃溃疡是由于不良饮食习惯或者生活压力所引起的胃酸过多造成的，医生给病人开的药方也大都是抗胃酸药。1979年沃伦在观察胃黏膜样本时发现了一种螺旋杆状细菌，细心的他继而发现这种细菌只在胃溃疡病人的样本中才能找到，于是他头脑中产生了一个新的假说——幽门螺杆菌才是胃溃疡的真正元凶。这一假说第一次在正式医学杂志上发表是1983年，沃伦和马歇尔以"读者来信"的方式，在英国医学杂志《柳叶刀》上发表了两篇短文，世界医学界这才第一次知道有这么一回事。

第二年，也就是1984年，两人的第一篇正式论文在《柳叶刀》杂志发表，不过他们使用的语言十分谨慎："虽然这项实验并不能证明胃溃疡的确切病因，但我们认为该病与这种新发现的病菌有关……"需要指出的是，那时他们对这种细菌的分类仍然没有准确的定论，"幽门螺杆菌"这个名字还是论文发表之后才终于被确定的。

这篇论文的发表确实引发过很多争议，但反对者并不像"另类医生"们所说的那样，是由于他们不相信细菌能在胃酸中存活。因为微生物学家们早就知道，比胃酸更严酷的环境里都能找到细菌的踪迹。当时持反对意见的人最需要的是科学的证据，而国际微生物学界早就公认，要想确定一种疾病是由于某种微生物的感染所引起，必须满足四项条件：

1. 每一例病人体内都可以分离到该病菌；

2. 该病菌可以在体外培养数代；

3. 培养了数代的细菌可以使实验动物引发同样的疾病；

4. 被接种的动物中可以分离到同样的病菌。

这就是著名的"科霍氏法则"（Koch's Postulates）。最早总结出这个法则的罗伯特·科霍博士是公认的微生物学鼻祖之一，是他最先发现了炭疽病的原因，也是他最先找到了结核病的致病菌。

这项法则直到今天仍然有效。可到了幽门螺杆菌这里，问题来了。马歇尔和沃伦没能找到任何一种动物可以作为幽门螺杆菌的宿主，所以大规模试验一直无法进行。勇敢的马歇尔决定拿自己做试验，吞下了一试管培养菌，结果他虽然得了病，但很快又好了。其实，即使他真的得了胃溃疡，也不能说明问题。一来样本过少，二来医生拿自己做试验，无法保证其公正性。于是，两位科学家准备招募志愿者进行大规模的临床试验。有人参与的临床试验可不是说做就做的，需要立项，申请，获得经费，而且需要时间。最后，两人找到了 100 名志愿者，并于 1988 年底完成了第一次大规模临床试验，结果进一步证明了幽门螺杆菌与胃溃疡之间的联系。

值得一提的是，他俩并不是孤军奋战。全世界很多科学家都积极参与了这项研究。这一点仅从一项硬指标——论文被引用次数——就可以说明。两人在《柳叶刀》上发表的第一篇文章被引用的次数在 1984 年是 16 次，到了 1988 年就达到了 283 次，而到 1993 年更是跃至 762 次之多。截止到

1992 年，全世界至少有三组大规模临床试验证实了该假说。在此基础上，美国国立卫生研究院（NIH）于 1994 年召开了一次大会，基本上同意幽门螺杆菌是胃溃疡的元凶。此时距离两人在《柳叶刀》杂志上第一次发表论文的时间正好过去了 10 年。

这项具有划时代意义的假说又经过了 11 年的考验，这才终于获得了诺贝尔奖。这一推迟恰恰向世人展示了什么是严谨的科学态度。作为世界科学界的最高权威，诺贝尔奖的认可终于让那些对科学持怀疑态度的江湖医生闭嘴了。从这个意义上说，老诺来得正是时候。

（2005.10.17）

当苹果掉到你头上

被苹果砸中而发现万有引力，假设这故事是真的，那牛顿一定是非常聪明的人，因为苹果和万有引力之间的距离还是很远的。

换一种表达方式，我们可以这样说：苹果不会砸中无准备的大脑。很多科学上的偶然发现，背后都有一个像牛顿这样时刻准备着的聪明的人。听说过青霉素是怎么被发现的吧？当初那一粒青霉菌孢子确实是很偶然地落在了弗莱明的培养基上，但如果他对青霉菌株周围的透明圆圈视而不见，青霉素的发现者就不会是他了。

不过，历史上确实有那么几项发明纯属运气，或者说运气占了很大的比例。2005年的诺贝尔生理学或医学奖得主，澳大利亚科学家巴里·马歇尔和罗宾·沃伦就是一例。他俩证明胃溃疡的病因不是心急上火或者爱吃辣椒，而是一种名叫幽门螺杆菌的细菌。其实这种细菌很早就被人发现了，但一直没能在人工培养皿中培养成功。1982年4月的某一天，沃伦把一块从胃溃疡病人体内切除出来的病变组织放在培养皿中培养。因为那天之后正好是复活节，依照惯例休假四天，沃伦把培养皿放在培养箱里就回家过节了。这多出来的几天假期让培养皿意外地在培养箱里多待了几天（而不是惯例的两天）。结果细菌长出来了！因为这一偶然的成功，沃伦终于得出了胃溃疡病因的新假说，并最终证明自己是对的。

他俩的这项发现意义绝对很重大，但技术含量其实并不那么高。历史证明，以这种方式成名的科学家往往沉不住气，过高地估计了自己的才华。比如马歇尔和沃伦，为了显示自己当初是如何顶住压力坚持真理的，他俩纵容媒体对医学界反对意见的夸大。其实主流医学界对这项发现的质疑完全是客观、有据可查的，不存在故步自封这一说。

当然了，这种做法可以说无伤大雅，尤其和另一位诺贝尔奖获得者加里·穆里斯（Kary Mullis）比起来更是小巫见大巫。穆里斯发明了"多聚酶链式反应"，又叫 PCR。简单地说，PCR 使得科学家能够不借助微生物，在试管里将一段 DNA 分子通过 30 ～ 50 轮的复制，准确地扩增上百万倍。这项发明有多重要呢？举一个例子，笔者曾经在一家只有三十多人的生物技术公司工作过一段时间，我们公司有八台 PCR 自动仪器，每台同时可以做 24 个样本。可如果想要用一次，必须提前一周预约！因为排队等着用的人实在是太多了。如果没有这一技术，大家知道的亲子鉴定、DNA 法医学、遗传病预测、古生物克隆技术等新兴学科就不会存在，而现今绝大多数生物实验室的工作效率也将倒退百倍。这么重要的技术，发明过程一定有很高的技术含量吧？否。这项技术的原理早在 70 年代末期就有人提出来过，但一直有一个困难无法克服。因为每一轮复制都必须经过一步高温过程，而 DNA 聚合酶在高温下会失活，因此必须在每一轮复制结束后再添加一些酶进去。这样做极大地增加了成本，使得 PCR 失去了实用价值。穆里斯恰好在那段时间里看到了另一篇不起眼的论文，有人在美国黄石公园的温泉里发现了一种耐高温的细菌。于是穆里斯设想这种细菌的 DNA 聚合酶兴许可以耐受高温。结果证明这个想法是正确的，一种名叫 Taq 的耐高温聚合酶被提取了出来，PCR 的成本因此得以降低至现在的几美元一次。

因为这个"小发明"，穆里斯获得了 1993 年诺贝尔化学奖。得奖后穆里斯辞掉了工作，靠奖金开始满世界游山玩水。他酷爱冲浪，在加州圣地亚哥海边买了幢小房子，天天玩水。玩完水就玩女人，他家冰箱门上贴满了和他发生过性关系的女人的照片，而这些女孩子都是看中了他头上的那顶"诺贝尔花环"才以身相许的。

再后来，穆里斯玩腻了，又回到科技界。不过，他显然高估了自己的才能，开始在很多领域四处出击，利用自己的诺贝尔奖头衔发表不负责任的评论。比如，他不承认全球变暖是人类活动造成的，也不承认卤代烷（一类化学组织的总称，包括甲烷）是造成臭氧层消失的原因。他甚至质疑 HIV 是造成艾滋病的病因，在科学界传为笑柄。

由此可见，科学家并不是万能的，尤其是那些运气好的人。他们最容易把自己想象成万能的神，其实，他们一旦离开了自己熟悉的领域，往往比普通人还要可笑。

（2005.10.24）

智慧是长出来的

成年人的脑细胞也是在不断更新的。

"你没长脑子啊！"

如果有人这么对你说话，你肯定会知道他是在骂你笨，除非你真的没长脑子。科学家发现，这句貌似粗俗的话背后还真的有些道理，智慧还真是长出来的。

几年前科学家可不是这么想的。稍微老一点的教科书上都这么说：成年人的脑细胞数量是一定的，不会增加了。为了解释有限的脑细胞为什么能想出那么多稀奇古怪的念头来，科学家又想出了另一个理由：人脑一生中只会用到很少的一部分，所以潜力是无穷的。现在，后一条理由已经渐渐被否定了。而前一条定律也终于在几年前被推翻。原来，成年人的脑细胞也是会不断更新的。

科学家早就知道成年的低等动物会产生新的脑细胞，比如一种鸟就会生出新的脑细胞用来学习新的鸟语（鸣叫）。但是高等动物的脑细胞却一直被认为不能更新。科学家为此找到了一个看似合理的解释：脑细胞必须稳定，否则怎么可能维持长期记忆呢？换句话说，假如脑细胞还在不断更新，那么某人也许过几年就会变成一个新人了，这怎么可以？可是，一个名叫伊丽莎白·古尔德的女科学家却不这么想。她反问道：既然人每天都会产生出新的记忆，那么脑子的结构肯定会不断地发生变化。

这个古尔德在洛克菲勒大学做博士后研究的时候主攻方向是激素对小鼠脑细胞的影响，可她却在实验中意外地发现当小鼠大脑海马区的脑细胞被异常的激素杀死后会生出新的脑细胞填补空白。当这个发现于1992年被写成论文发表后，只有很少的人相信这是一种正常的生理现象。后来古尔德又发现，小鼠在受到压力的情况下脑细胞数量会减少，并由此引发海马区生产更多的新鲜脑细胞。这个发现具有更加重要的意义，因为这是一种常见的生理反应，古尔德暗示这种机制有可能是大脑修复损伤的一种正常的办法。

在实验过程中古尔德还发现，实验室状态下饲养的实验动物因为缺乏刺激，脑细胞更新的速度变得十分缓慢。这大概就是许多实验室无法检测出脑细胞繁殖的原因。为此她改变了饲养实验动物的方式，把一群猴子关在更大的空间内，每天都给予它们新鲜的刺激，比如隐藏放食物的位置等等。对比发现，这样条件下养出来的猴子脑细胞更新速度明显比关在笼子里的同类要快。看来要想让孩子聪明，必须放养啊！

新鲜的脑细胞可不是哪里都能生产的，这个过程只发生在脑室（脑脊液的储存地）和海马区，从这里生成的新鲜的神经细胞大部分转移到了嗅球，也就是负责感知嗅觉的一对球状神经组织中。2006 年 1 月份的《科学》杂志上刊登了日本庆应大学神经生物学家泽本和延（Kazunobu Sawamoto）撰写的一篇研究报告，他的研究小组搞清了新的神经细胞是如何转移到嗅球中的。原来，一种名为纤毛的微小细胞结构和谐地摆动，造成了脑脊液定向流动，新神经细胞就是被脑脊液带着流向了指定地点。研究人员培育出一种遗传突变小鼠，脑子中的纤毛数量大为减少。结果这种小鼠脑子中的新神经细胞便失去了迁移的方向，到处乱窜，只有 9% 到达了嗅球，正常小鼠这个数字是 65%。

研究新鲜神经细胞的生成和迁徙是很有意义的一件事，因为这项研究为将来修补受损大脑提供了一种可能性。比如，抑郁症患者患病的一大原因就是脑细胞更新速度减慢，而目前市场上的抗抑郁症药物（比如 Prozac，百忧解）大都能够提高大脑生产新鲜脑细胞的能力。有意思的是，这类抗抑郁症药物发挥作用的时间都在一个月以上，而神经细胞再生所需时间也是一个月，因此科学家怀疑这类药物的作用机理就是促进脑细胞再生。

另一种神经性疾病——癫痫则正好相反，患者大脑可以产生新鲜的脑细胞，但它们都去错了地方。假如能够找到一种办法把这些细胞重新发配到该去的地方，就有可能治愈癫痫病。泽本和延的实验表明，只要找到一种办法控制纤毛的摆动方向，就能做到这一点。

不过，这项研究最重要的目的就是研究人类的思维机理。为什么新的脑细胞大量产生于海马区？这不是偶然的，因为海马区是人类高级思维活动的主要地点，人类学习新知识的过程就发生在这个区域内。如果能够搞清新脑细胞是如何参与到这一过程中的，科学家就有可能最终搞清楚学习的机制。这项研究的意义就不用强调了吧？凡是长脑子的人都会感兴趣的。

（2006.2.13）

欺骗大脑

一件东西如果还处在用数字来命名的阶段，那就说明主人对它还不够了解。

以前有个宣传计划生育的相声，说某毛姓人家生孩子太多，连父母都分不清谁是谁，就把他们编了号，叫大毛、二毛、三毛、四毛……由此可见，一件东西如果还处在用数字来命名的阶段，那就说明主人对它还不够了解。

人体内有一群细胞因子，叫作"白细胞介素"（Interleukin，简写成 IL），其作用相当于细胞间的信使。它们在血液中到处游动，遇到合适的靶细胞就结合到其表面的受体上去，启动靶细胞加速（或减缓）某个生理反应。可是每个靶细胞受体都可以被多种细胞因子所控制，而每一种细胞因子也可以结合多种受体，于是天下大乱，任何一种细胞因子似乎都具有很多种不同的功能。这样一来，科学家只好按照编号来给它们命名。自 1979 年发现了第一种"白细胞介素"以来，至今已编到了 IL-33，而且这个数字还在持续增长之中。

之所以叫"白细胞介素"，是因为最初发现的细胞因子都是由免疫细胞（白细胞）所分泌的，它们的作用也局限于调节免疫系统对抗外敌入侵的功能。但是有越来越多的实验表明情况并不是那么简单，比如最近科学家发现肌肉组织也可以分泌 IL-6，其分泌量和肌肉的疲劳程度成正比。原来，肌肉收缩过量会导致肌纤维发生轻微损伤，由此引发炎症反应，炎症反应可以说是人体免疫系统的一种警报信号，它告诉其他免疫细胞立即投入战斗。

那么，肌肉组织分泌这么多 IL-6 干吗用呢？原来，IL-6 还可以作用于脑细胞，使人产生疲劳的感觉。两年前南非开普敦大学的科学家葆拉·罗布森－安斯利做过一个有名的实验，她找来七名职业运动员，向他们体内注射 IL-6 或者安慰剂（当然他们本人不知道注射的是哪一种），然后让他们跑 20 公里。一周后，注射过 IL-6 的运动员在再注射安慰剂（反之亦然）的情况下跑一次，比较两者的时间。结果她发现注射 IL-6 的运动员的平均成绩要比注射安慰剂的慢一分钟之多，而且运动员都抱怨说 IL-6 让他们感觉更加疲劳。

看到这里，傻瓜都知道应该怎么做了吧？可实际情况并不是那么简单。生物进化不会那么傻，一个人之所以会产生疲劳的感觉，肯定是有原因的。如果贸然服用 IL-6 阻断剂，欺骗大脑，就很可能会造成肌肉的永久性损伤，得不偿失。不过，这项实验却引发了科学家对 IL-6 的兴趣，一些人开始研究 IL-6 与大脑之间的相互作用，结果他们发现了一个更加令人惊讶的现象。在 2006 年 3 月初召开的"美国身心健康协会"第 64 届年会上，来自美国匹兹堡大学的安娜·马斯兰教授提交了一份研究报告，证明 IL-6 可以降低人的记忆力。她找来 500 名身体健康的志愿者，测量了他们体内 IL-6 的水平，然后给他们每人发了一份同样的试题，考察他们的记忆力和认知能力。比如，受试者被要求听一段讲故事的录音，然后让他们尽可能多地在纸上写下他们记住的故事情节。结果这 500 人的得分和 IL-6 的水平成反比，也就是说，血液中的 IL-6 含量越高，人的记忆力就越差。

这项实验的理论依据其实很简单，完全符合生物进化的逻辑。一般情况下，人体内 IL-6 水平的上升都是因为产生了炎症反应，或者简单地说，是因为人感染了病菌或者病毒。比如感冒发烧的时候人体内的 IL-6 水平一定会比平时高。人在这个时候最需要的肯定是赶紧战胜疾病，而不是背单词或者思考什么哲学问题，所以人的大脑便会降低效率，以便节省能量和精力同疾病做斗争。

好了，看到这里，傻瓜都知道应该怎么做了吧？事实上真的已经有人开始在棋类比赛中使用类似的大脑兴奋剂了。于是，两年前国际象棋联合会开始采用国际体坛的反兴奋剂标准，如今的世界级国际象棋比赛也开始做尿检了。毕竟这类药物许多都还处于编号的阶段，科学家并不完全知道长期使用它们会引发何种副作用。

大脑进化到如今这个样子肯定有其原因，欺骗大脑是要付出代价的。

不过，马斯兰教授在报告的最后补充说，人类其实是有办法合理地控制 IL-6 水平的。正常情况下人过了 50 岁其体内 IL-6 水平就会有显著提高，因为这时人身体内的慢性疾病越来越多了，尤其是心血管系统的毛病（比如血管阻塞），很容易造成 IL-6 水平的上升。如果人能够保持健康的生活习惯，避免过度疲劳和紧张，就能合理地减少 IL-6 的含量，理直气壮地提高记忆力。

（2006.3.13）

姜还是老的辣

两家美国生物技术公司研制的两种基于
TLR技术的新药已经进入第三期临床试
验，前景一片光明。

有人说，科学发展离不开前瞻性的理论指导。还有人
说，科学发展只是一大堆偶然事件的奇妙组合。在今天要讲
的这个故事里，两者都有。

提起免疫学，大多数人都会立刻想到疫苗，因为这是现
代医学最伟大的发现之一。疫苗属于"获得性免疫"范畴，
它引发了人体内的免疫细胞分泌抗体（免疫球蛋白），对入
侵之敌实施攻击。"获得性免疫"强度大，指向性强，但是
需要几天时间才能准备好，属于人体的第二道防线。第一道
防线名叫"先天性免疫"，以前的教科书上说这主要是指皮
肤、胃酸和唾液等广谱防御系统。其实血液中的巨噬细胞也
属于第一道防线，但它们似乎只会不加区别地吞噬一切外
来病原体，而且战斗力不强，因此科学家一直对它们兴趣
不大。

1989年，耶鲁大学教授查尔斯·詹尼维（Charles Janeway）
提出了一个大胆的设想。他认为获得性免疫防御体系的建立

需要时间，如果遇到毒性强的病原体，病人的免疫系统就来不及做出反应了。生物进化必然会选择出一类生物，能够在第一时间对外来入侵者做出准确而又强烈的反应。要做到这一点，免疫细胞必须能够迅速地识别敌我，这就要求免疫细胞的表面必须时刻备有现成的识别装置用来应付入侵。但是，关注禽流感的读者一定早已知道，禽流感病毒最危险的特征就是能够不断地变异，而免疫系统不可能有几百万种识别装置随时处于戒备状态（一种识别装置只能识别一种敌人）。幸好天无绝人之路，细菌和病毒表面都存在一些相对保守的特征，比如酵母细胞壁上的甘露糖，以及所有格兰氏阴性细菌表面的脂多糖（LPS）等等。这些化学物质都是细菌和病毒所必须有的，因此相对保守，也就是说，它们的结构多年来一直没有变化。詹尼维预言免疫细胞一定有一类装置（也就是细胞表面蛋白质）专门用来识别病原体表面的这些保守的特征。可是，科学家却一直没能发现这样的识别装置。

几乎与此同时，一群研究细胞因子（见前文）的科学家却有了一个意外发现。原来，科学家早就知道，LPS等细菌特有的表面抗原可以引发巨噬细胞分泌一种细胞因子，刺激免疫系统进入战争状态。实验表明，一种横跨细胞膜的蛋白质与此有关，但是，它的膜内部分的氨基酸顺序和任何已知的哺乳动物的蛋白质都不同。研究陷入了困境。

1991年，剑桥大学的一位与此毫不相干的科学家终于在一个偶然情况下发现了这种跨膜蛋白质的近亲：果蝇体内的一种名叫 Toll 的蛋白质。Toll 这个词在德文里是"奇怪"的意思，因为这个蛋白质负责指导果蝇的发育，Toll 基因变异了的果蝇胚胎分不清头尾，最后都长成了畸形儿。可是，发育和免疫分属不同的领域，怎么可能共用一种蛋白质呢？研究再一次陷入困境。

答案在五年之后才终于浮出水面。原来，这个 Toll 蛋白质还可以帮助果蝇抵抗真菌感染，属于"一蛋两用"。进一步的研究发现，果蝇的免疫系统只有第一道防线，它们是不会像高等动物那样生产特异性抗体的。事实上，大多数低等生物的免疫系统都和果蝇一样，先天性免疫是多细胞生物最早进化出来的一种防御体系。换句话说，如果没有进化出这道防御体系，多细胞生物是不可能存在的。

从此以后，Toll 终于和免疫挂上了钩，"万事俱备，只欠东风了"。1998 年，几个美国科学家终于用一个精巧的实验弄清了哺乳动物体内那个与 Toll 类似的跨膜蛋白质的作用，它在细胞膜外的部分可以专一性地结合细菌或者病毒表面保守的小分子（比如 LPS），之后，它在细胞膜内的部分就会发出信号，启动免疫细胞迅速做出适当反应。对这项发现最感兴趣的莫过于詹尼维教授，他终于找到了一把解释自己理论的金钥匙。在他和其他几个实验室的共同努力下，目前已经找出了 11 种类似的跨膜蛋白质，起名叫作"Toll样受体"（TLR）。前文中提到的那个 TLR 编号是 TLR4，负责识别细菌表面的 LPS；TLR3 负责识别病毒特有的双链 RNA；TLR5 负责识别细菌特有的鞭毛蛋白等等，都是一些很难变异的特质。由此可见，早期的多细胞动物相当聪明，TLR 的出现从进化的角度来看是非常合理的。

这项发现改写了免疫学教科书，并把免疫学研究的主攻方向从"获得性免疫"（比如疫苗）转移到"先天性免疫"上来。研究表明，TLR 不仅参与了对外来病原体的第一波攻击，而且还是召集第二道防线参加战斗的指挥官，很多种免疫反应都与 TLR 有关。这项免疫学上的新发现很快就吸引了众多制药公司的关注，预计几年后将有一大批基于 TLR 的药物问世。

作为生物进化史上出现的第一种免疫中介，TLR 系列蛋白质很可能是一把攻克疑难杂症的金钥匙。

（2006.3.20）

血总是香的

要想开发出特异的驱蚊剂，必须搞清是
哪种味道吸引了蚊子。

关于蚊子为什么只叮你不叮他的问题，每个人都有自己的一套理论，每种理论都会有一批支持者以亲身经历作为证据。但是科学家相信：蚊子最喜欢的就是人血的味道。

这个结论可不是凭经验得出的，而是来自严格的科学实验。2005 年伦敦帝国理工学院的生物学家雅各布·凯拉（Jacob Koella）所做的一项实验就是一个很好的例子。凯拉的本意是想弄清楚疟疾为什么会扩散得如此迅速，因为疟疾必须依靠蚊子来传播，因此他决定从蚊子的叮咬习惯入手。他和同事们在肯尼亚搭了三顶帐篷，互相之间以塑料管相连，管子和帐篷之间可以通气，但蚊子无法通过。然后他们找来一群儿童，按照体内携带疟原虫的情况分成三组，第一组不带疟原虫，第二组带没有传播能力的疟原虫，第三组带有传播能力的疟原虫。然后他们把一群蚊子放到三根管子的中间，让它们自由选择飞向哪里。实验结果出人意料，选择飞向第三组儿童的蚊子数量是其他两组的两倍以上。

之后，凯拉给带有疟原虫的孩子吃药，杀死他们体内的疟原虫，然后再让他们进帐篷让蚊子挑选，结果蚊子对这些健康的儿童没有偏爱。这个实验清楚地表明，蚊子对人体散发的气味非常敏感，而疟原虫让人体产生了一种特殊气味，对蚊子特别有吸引力。这样做显然对疟原虫的传播大有好处，从生物进化的角度来看对疟原虫十分有利。

这项实验结果对开发新型防蚊子药水很有帮助。目前市面上最常见，也是被证明最有效的驱蚊剂是一种名叫DEET的化学物质。但是DEET使用过量可能有毒，而且已经发现几种蚊子对DEET产生了抗药性。要想开发出特异性强的驱蚊剂，必须搞清到底是哪种味道吸引了蚊子。这可不是一项简单的工作，因为人体表面会释放出三百五十多种具有挥发性的化学物质，而蚊子的触角上有很多微小的纤毛，上面分布着许多不同的味觉受体，科学家把它们叫作"气味分子识别蛋白"（OBP）。为了弄清蚊子嗅觉的秘密，科学家决定从蚊子的基因组入手。由巴黎巴斯德学院负责牵头的"国际蚊子基因组计划"已经测定了疟蚊（Anopheles Gambiea）的全部DNA序列，这种蚊子在非洲特别多，是传播疟疾的罪魁祸首。有了这个DNA数据库，科学家就可以很方便地研究这些OBP了。分析结果表明，蚊子和其他昆虫的嗅觉功能的相似程度很高，有一种同源蛋白质参与了所有昆虫OBP的正常功能，这种同源蛋白质在蚊子中叫作GPRor7，在果蝇中则称为Or83b。来自美国洛克菲勒大学的科学家成功地把蚊子的基因GPRor7转移到去掉了Or83b的果蝇体内，结果使后者恢复了嗅觉功能。

但是这种蛋白质在昆虫嗅觉机制中只是起到一种辅助功能，而且也没有特异性。而自然界中每一种昆虫都有自己喜欢的气味，比如苍蝇喜欢粪便，蝴蝶喜欢花香，雌蚊子只对人血感兴趣……驱蚊剂的设计者必须对症下药，才能避免滥杀无辜。美国范德比尔特大学的拉里·兹维伯（Larry Zwiebel）决定在雌蚊子的基因组中寻找特定的味觉受体基因，但是蚊子很难饲养，研究起来非常困难，于是他尝试把蚊子OBP基因转移到果蝇体内，利用这种科学家已经非常熟悉的活体实验模型来间接地研究蚊子的嗅觉基因。经过多次实验，他们发现了一种蚊子OBP，只对4-甲基苯酚有反应，这种化学物质是三百五十多种"人味"中的一种。有趣的是，只有雌蚊子体内才会生产这种OBP。更绝的是，如果雌蚊子喝饱了人血，这种OBP就不再生产了。这两个有趣现象不大可能是巧合，科学家因此相信，4-甲基苯酚是蚊子用来发现人血的嗅觉信号之一。

进一步的研究表明，蚊子并不仅仅靠一种OBP来发现人类，雌蚊子触角上有好几类不同的纤毛专门用来闻味道，每种纤毛上都有很多OBP，分别对应不同的气味。对于驱蚊剂的生产来说，这反倒是一件好事，因为假如只针对4-甲基苯酚这一种物质来设计驱蚊剂的话，那么蚊子很容易产生变异，驱蚊剂就必须经常更新才行。解决这个问题的办法就是生产出针对多个 OBP 的驱蚊剂，因为同时发生好几个变异的概率是很小的。目前兹维伯正在和同事们继续研究，试图发现更多的 OBP 基因。假如能找到 4 ～ 5 个这样的基因，然后根据它们的特点生产出多合一的驱蚊剂，那么人类就可能彻底消灭诸如疟疾、登革热和西尼罗病等与蚊子有关的传染病。

（2006.4.17）

不务正业的 RNA

对于 RNA 的研究，可以解释许多反常的
生命现象。

　　现代遗传学的鼻祖是孟德尔，这个奥地利修道院的园丁
研究了几十万个豌豆，终于找出了"孟德尔遗传定律"。其
实很多人都知道这个定律，只是自己没意识到而已。举个例
子，大家都知道血型分 A、B、AB 和 O 这 4 种。简单地说，
决定血型的基因有三个，分别是 A、B 和 O。其中 A 和 B 是
显性的，有它们哥儿俩在，O 基因就没有发言权了。换句话
说，如果 A 和 O 碰一块儿，这个人的血型一定是 A。

　　每个人体内都有两个血型基因，分别来自父母。假定某
人的父母都是 A 型，那么他仍然有可能是 O 型血，前提是
他父母的基因都是 AO。在这种情况下，A 和 O 是各自独立
地遗传下去的。按照数学计算，此人具有 O 型血的概率是
1/4，实际情况也是如此，所以我们说人的血型遗传符合孟
德尔定律。

　　有人说，规矩的建立就是为了被打破的，孟德尔定律
也不例外。2006 年 5 月 25 日出版的《自然》杂志就刊登

了一篇论文，对孟德尔遗传定律发起了挑战。论文的第一作者是法国尼斯大学的科学家米努·拉索扎德根（Minoo Rassoulzadegan），他和同事们试图搞清褐鼠尾巴白斑的遗传机理。正常褐鼠尾巴上没有白斑，但假如一个名叫 Kit 的基因发生突变，则该褐鼠的尾巴上就会长出白色斑块。这个突变是致命的，也就是说，携带两个相同的 Kit 突变基因的褐鼠出生后不久就会死掉。研究人员让两只携带一个突变基因拷贝的杂合体褐鼠进行交配，按照孟德尔定律，产下的褐鼠必将有 1/4 是带有一对正常基因的正常褐鼠。可实验结果大大出乎他们的预料，这些体内根本没有突变 Kit 基因的老鼠居然也长出了带有白斑的尾巴！

这个惊人的结果，推翻了孟德尔遗传定律。

其实，这一现象早在很多年前就在植物中被发现了。1956 年，美国植物学家亚历山大·布灵克（Alexander Brink）首先提出了"副突变"（Paramutation）这个概念，用来解释发生在玉米中的一种反常的遗传现象。一些玉米突变基因能够改变玉米粒的颜色，但是某些突变基因即使没有被遗传下去，仍然能够影响后代的颜色。科学的说法是：某些突变基因通过人类还不知道的方式影响了其等位基因（ABO 血型基因就互为等位基因）在后代中的表达。这一明显违反孟德尔定律的遗传现象只在个别种类的植物中被发现过，为此科学家们研究了 50 年，仍然没有搞清其机理。

拉索扎德根所做的褐鼠实验可以说是第一次在动物中发

现的"副突变"现象。为了弄清原因，拉索扎德根仔细研究了带有变异 Kit 基因的褐鼠，发现他们体内含有大量的 Kit mRNA。mRNA 又叫信使 RNA，是 DNA 转化成蛋白质的必经之路。换句话说，这是 RNA 的主业。但是在褐鼠这里，这些信使 RNA 跑到了精子里，并在受精时传给了卵子。难道是这些不务正业的 RNA 造成了褐鼠尾巴上的白斑吗？为了检验这一假说，拉索扎德根把变异了的 Kit mRNA 注射进正常褐鼠的受精卵内，结果发育出来的褐鼠真的就带有白斑，而且这一性状能够遗传到第二代褐鼠身上。

这一现象说奇怪也不奇怪，因为近年来已经有不少例子表明 RNA 有许多人类还不知道的奇特功能。就在 2005 年，普杜大学的科学家发现水芹 DNA 有时会发生奇怪的变异，变回到祖父的 DNA 序列，他们提出一个大胆的假说，认为水芹遗传了祖父的 RNA。而在某些时候水芹会用这些 RNA 作为模板，合成出祖父的 DNA。

当然，这些假说都还没有得到最终确认，还有很多实验需要去做。但这项发现足以让很多科学家激动不已，因为它不但可能改写孟德尔定律，还可能解释很多反常的生命现象。早在 1997 年，牛津大学科学家就发现了一个奇怪的现象：儿童的糖尿病发病率与父亲的某个基因有关，即使这个基因并没有遗传给孩子。现在看来，很可能父亲把这个基因的 mRNA 遗传给了孩子。康奈尔大学的科学家保罗·索罗威指出，这一发现很可能解释了"祖先印记"的遗传现象，也就是说人类在某些时候会突然表现出远祖的某些特征，即使找不到与此有关的基因。

那么，从进化的角度看，这些不务正业的 RNA 到底有什么好处呢？《自然》杂志在评论这个新发现时举了一个例子：某些植物可以在干旱时改变某个基因的表达方式，并把这一应急机制通过 RNA 遗传给后代。这个简便的方法可以使后代获得更好的适应能力，却不用改变 DNA 的顺序。因为干旱是暂时的，而与之相应的应急机制在一般情况下并不适用。DNA 就好比是正式工，一旦发生改变就很难恢复常态了。不如让 RNA 当一会儿临时工，干完活就辞退了事。

（2006.6.12）

分子侦察机

要精确判断某个基因的作用，就让"干扰 RNA"粉墨登场。

小时候玩过一种空战棋，级别最低的棋子是侦察机。但是如果你主动拿侦察机去碰敌子，就可以获得一个猜棋的机会，猜对对方的棋子就可以把它吃掉。今天要说的分子侦察机和空战棋的功能很相似，但是过程是反的，先把对方吃掉，再来猜对方是哪路货色。

我们要猜的"敌人"就是大名鼎鼎的基因。以目前的技术条件，判断一段 DNA 序列是不是基因已经不是难事，只要检查一下这段序列是否连续不间断，前面有没有负责开启转录系统的"启动子"序列，后面有没有终止符号，就可以大致判断出基因的存在。但是，要想知道这个基因是干什么的，那可就难上加难了。科学家可以找出这段基因编码的蛋白质，研究它的功能，可蛋白质的功能并不是那么好研究的，需要克服的技术障碍很多。

那么就换一个思路。众所周知，要想了解某件东西的价值，最有效的办法就是把这东西拿走，看看没了它地球还转不转。对付基因也可以用这个办法，把某个基因除掉，然后看看细胞的新陈代谢有什么特殊的变化。在过去很长一段时间里，科学家就是这么干的。

可是，这个办法说起来容易，做起来很难。科学家面对的是微观的分子世界，不可能像在宏观世界里那样，拿把剪刀"咔嚓"一剪就完事了。不过，聪明的科学家想出了一个办法，让细胞自己来剪。原来，DNA 在复制时会发生基因重组，就是两段相似的基因互相交换 DNA。科学家合成出一段假的 DNA，其余部分都正常，只在需要研究的那段DNA 上做点手脚。细胞一不留神，没有识别出做了手脚的DNA，照样发生了基因重组，原来正常的 DNA 序列就会被科学家做过手脚的 DNA 序列代替了，其结果就是某个特定的基因被"杀死"了。

这事说起来容易，做起来可难了。细胞不是那么好骗的，有时需要试验很多次才能得到一个重组的细胞。不过，科学家正是用这个笨办法，发现了很多基因的功能，所以这个名为"基因去除"（Gene Knockout）的办法为生物学的发展立下了汗马功劳。

说了半天老办法，为的是说明新办法的好处。1998 年，美国科学家安德鲁·法尔和克雷格·梅洛在著名的《自然》杂志上发表论文指出，一种双链 RNA 可以有选择性地降解信使 RNA，所谓"信使 RNA"就是蛋白质合成的模板，没有它，蛋白质就不能被生产出来，这就等于与之相应的基因被杀死了。两位科学家把这种现象称为"RNA 干扰"，符合条件的"干扰 RNA"很小，通常只有 25 ～ 30 个碱基对，它必须和信使 RNA 的序列一致才会起作用。比如一段信使 RNA 的顺序是"好好冷高高善高高长"，那么干扰 RNA 则必须是"坏坏热低低恶低低短"。当然了，干扰 RNA 必须是双链的，也就是说还必须有一段"好好冷高高善高高长"和前面那段 RNA 配成对，就好比雌雄双煞，总是一起出来杀人。

读到这里，你应该明白分子侦察机是怎么一回事了吧？没错，这个"干扰 RNA"（正式的名称是 RNAi）完全可以被科学家拿来当侦察机使，因为人工合成一段 RNA 是很容易做到的事情，成本很低。从此，只要知道某个基因的序列，就可以针锋相对，设计一个 RNAi 出来，再把它们（一定是复数，因为需要的量很大）导入细胞里去，就可以有选择性地杀死这个基因，不让它表达成相应的蛋白质。然后科学家们研究一下这个细胞发生了哪些变化，就可以精确地判断出这个基因到底是干什么的了。

这个方法发明出来后，极大方便了科学家研究基因的功能。难怪 2006 年的诺贝尔生理学奖颁给了发现 RNAi 的两位美国科学家，因为他们发明了目前世界上最有效的分子侦察机。

那么，接下来的问题自然是：能不能用 RNAi 来治病呢？确实，已经有科学家在尝试，但是从目前的情况看，

RNAi 距离治病还有一段距离。主要的原因是 RNAi 的功效不太专一，即使顺序发生一点偏差也能起到部分效果。比如上面说的那段顺序，如果有个基因有段顺序是"好好冷高高善高高冷"，只有最后一个字母不对，那么这个 RNAi 很可能会部分地杀死这个基因，或者说影响这个基因正常发挥作用。西医治病讲究准确，如果一种药吃下去虽然能治病，但没准还能干点别的，那么这种药是不可能被批准上市的。

　　看来，这个分子侦察机的侦察技术还不成熟，必须等到科学家找到了提高精度的办法，侦察机才有可能变成轰炸机。

（2006.10.23）

钩虫与哮喘

钩虫感染率下降，哮喘病人就增多了。
为什么？

　　人体就是一个复杂的生态系统，任何两个部件之间都存在着某种联系。比如，最近英国爱丁堡大学的科学家发现，得了钩虫病的人不大会得哮喘。他们还据此猜测，发达国家的哮喘病人之所以越来越多，就是因为这些国家的医疗卫生条件越来越好，钩虫感染率降低了。

　　钩虫是一种体形微小的肠道寄生虫，哮喘是一种常见的自身免疫病，两者看似八竿子打不着，怎么会联系上的呢？原来，钩虫可以促使寄主多生产一些"调节性 T 细胞"（Regulatory T Cells），这种细胞能够降低免疫系统的活力，否则钩虫就会遭到免疫细胞频繁的攻击。而哮喘就是因为患者免疫系统太过活跃造成的，如果能让免疫系统收敛一下，哮喘就不会发生了。

　　等一等。免疫系统的功能不就是抵抗感染吗？哺乳动物为什么会进化出专门抑制免疫系统的调节性 T 细胞呢？确实，这类细胞的存在一直受到科学家的怀疑，直到最近才终于找到了确凿的证据。

　　早在 1969 年，日本科学家发现了一个难以解释的现象。他们把刚出生的雌性小鼠的胸腺组织去掉，结果这些小鼠长大后没有卵巢。起先他们认为胸腺能够分泌某种促进卵巢发育的雌性激素，可研究发现不是这么回事，小鼠的卵巢是被自身的免疫细胞杀死的！有一位耶鲁大学的科学家根据这个发现提出了一个假说，认为胸腺组织能够产生某种抑止免疫系统功能的细胞，但他一直没能找到证据。

　　1995 年，日本科学家坂口志文（Shimon Sakaguchi）终于发现了这种细胞的踪迹。众所周知，鉴定某种细胞类型的最常用的方法就是找出细胞表面的特殊标记（通常是蛋白质）。比如，最有名的一类免疫细胞叫作 CD4+，这是艾滋病病毒攻击的对象。这种细胞属于 T 细胞，其表面带有一个名为 CD4 的蛋白标记。坂口志文发现有一部分 CD4+ 细胞表面还带有另一种标记，名叫 CD25。如果把小鼠体内带有 CD25 的 T 细胞全部去掉的话，这只小鼠的免疫系统就会发生紊乱，免疫细胞开始不分青红皂白地发动攻击，小鼠自己的细胞也难以幸免。坂口志文把这种带有 CD25 标记的 T 细胞叫作"调节性 T 细胞"，意思是说它能调节免疫系统的活力。

　　"调节性 T 细胞"的发现是近年来免疫学研究领域里最引人注目的发现，因为这是科学家发现的第一个动物自带的能够抑止免疫系统的生理机制。这种机制非常重要，好比一个国家不能缺少军队，但也不能没有制衡军队的机制，否则肯定天天打内战。假如免疫系统分不清敌友，打起内战，结果就是自身免疫病。像I型糖尿病、关节炎，以及红斑狼疮等等都属于自身免疫性疾病。

其实，不但内战不能打，外战也不能随便打，因为外来的人也不见得都是坏人。肠道内的为数众多的细菌大部分都是对人体有用的益菌，属于"国际友人"，杀不得。

"调节性T细胞"的作用被几种遗传性疾病证实了。比如小鼠中有一种能够造成免疫系统紊乱的遗传病就是因为缺乏"调节性T细胞"造成的。人类中也有一种类似的遗传病，叫作IPEX，这是一种X染色体遗传病，患者绝大部分是男婴，他们的X染色体上的某个基因发生了突变，导致"调节性T细胞"功能丧失，其结果就是免疫系统大肆攻击自身组织，如果不治疗的话，患者出生后很快就会死亡。

最近更有研究发现，习惯性流产也与"调节性T细胞"有关。从分子角度来看，胎儿对于母亲来说就是最大的"敌人"，因为胎儿有一半的基因来自父亲，属于"外来物质"，或者说就是一个巨大的移植器官。母亲的免疫系统为什么不对胎儿发起攻击呢？有科学家发现怀孕期的母亲体内"调节性T细胞"的水平明显增加，也许这就是原因。

这类细胞的存在还会帮助免疫系统对来犯之敌发动第二次进攻。研究发现，去掉"调节性T细胞"的动物会把入侵的细菌全部杀死，不留活口。这样一来，假如这种细菌第二次入侵的话，该动物的免疫系统似乎仍然是第一次面对它们，攻击不够有力。但是，假如有"调节性 T 细胞"存在，这只动物就会留些活口在体内，等到细菌第二次入侵时免疫系统就会发动迅猛的进攻，快速解决战斗。

"调节性 T 细胞"的存在告诉了我们一个真理，那就是人们常说的"平衡"是非常重要的。有机体需要维持一种平衡状态才会健康，但这种平衡状态绝对不是静止的，而是动态的。也就是说，任何一种生理活动，都会受到多种因素的影响，有的起促进作用，有的起抑止作用。这些因素相互牵制，保证了正常的生理活动维持在一个健康的水平上。

有机体是如此，社会也应该是如此。

（2006.11.6）

"萨医"与艾滋病

抗艾滋病，民间草药或将取得一次伟大的胜利。

萨摩亚（Samoa）是南太平洋上的岛国，岛上的原住民信奉传统医药（姑且称之为"萨医"吧），行医人多为上了年纪的老太太，按照现代流行的术语可以把她们称为"巫婆"。

1973年，有个名叫保罗·艾伦·考克斯（Paul Alan Cox）的年轻的美国摩门教徒跑到岛上去传教。那时候岛民非常穷，想办学校没有钱，只有卖木材给国际伐木公司。考克斯坚决反对这样做，他坚信岛上独特的植被是大自然的一笔财富，是研究生物多样性的最好实验室。因此他带头抵制伐木公司砍伐当地的原始热带雨林，最终获得了成功。他本人还被村民当成是神灵转世，在当地赢得了很高的威望。

传教工作结束后，考克斯回到美国继续学业，在杨百翰大学拿到了一个生物学学士学位后，他又去哈佛大学读书，获得博士学位。毕业后他选择回到杨百翰大学继续从事生物学研究。1984年，考克斯的母亲得癌症去世，他受了刺激，决定改行研究癌症。最初他想进医学院，可转念一想，学医的话顶多成为一个好医生，但如果研究出一种治疗癌症的药，就能帮助全世界的病人。

怎么个研究法呢？他想到了"萨医"。一个哈佛毕业生怎么会相信巫医呢？原来，他在萨摩亚传教时曾经得过一场重病，村里的"巫婆"把一种用当地植物的根熬成的"萨药"热敷在他的胸口，治好了他的病，从此他对民间医学的态度发生了极大的转变。1985年，考克斯带着全家一起搬回萨摩亚，寻找"萨药"。有一天，考克斯去请教一位在当地小有名气的"巫婆"，结果这个"巫婆"把自己知道的121种"萨药"的配方全部告诉了他，其中绝大多数原料均来自当地特有的植物。考克斯把这些药编了号，准备挨个研究。

与此同时，美国和法国的科学家成功地分离出HIV病毒，确认了艾滋病的发病原因。不久，考克斯收到了美国国立癌症研究所（NCI）发来的一封信，询问他是否能推荐几种治疗病毒感染的"萨药"。原来，NCI有一个专门研究草药的部门，叫"天然产品分部"，这个部门的职责就是从世界各地的民间偏方中寻找有用的药材。收到信后，考克斯查了查自己的笔记本，发现其中编号为37的药材能够治疗一种当地人称之为Fiva Sama Sama的病，考克斯凭自己的经验断定，这种病就是一种病毒性传染病（后来知道这就是病毒性肝炎）。这种药是用当地的一种名叫Mamala的树的树皮熬制出来的，此树是萨摩亚特产，别的地方没有。考克斯把这种树皮寄给了 NCI 的同事，让他们分析一下其中的有效成分。

1992 年，NCI 的科学家欣喜地告诉考克斯，分析结果出来了！他们从 Mamala 树皮里分离出一种名叫 Prostratin 的物质，在实验室条件下确实能够抵抗 HIV。具体来说，Prostratin 有两种功效，首先，它能促使体细胞减少分泌 HIV 受体，这种受体是 HIV 病毒进入宿主细胞的钥匙，没了钥匙，艾滋病感染率自然也就下降了。其次，它可以迫使隐藏在免疫细胞内的 HIV 病毒跑出来，这样一来，免疫系统和抗艾药物就可以对 HIV 发起攻击了。

后一种功效引起了艾滋病专家的极大兴趣。众所周知，人类目前已经掌握了一种有效的抗艾方法，这就是大名鼎鼎的"鸡尾酒疗法"。这个方法最大的问题就在于无法根除艾滋病病毒，因为总有少量病毒隐藏在免疫细胞中不出头，抗艾药物无法接近它们。假如 Prostratin 真的能让 HIV"浮出海面"，再加上鸡尾酒疗法，人类就有可能最终消灭这一瘟疫。

关于 Prostratin 的研究发表后，引来了更多实验室的兴趣。2004 年，美国加州大学伯克利分校和萨摩亚政府签订协议，由前者负责克隆 Prostratin 基因，争取实现实验室生产，这样的话就不必依靠宝贵的 Mamala 树了。

伯克利大学将专利权的 50% 划归萨摩亚政府和当地村

民所有。这项协议具有划时代的意义，它第一次承认原住民有权分享本应属于自己的专利权。

目前，关于 Prostratin 的研究正在紧锣密鼓的进行当中。如果成功的话，这将是民间草药的一个伟大的胜利。这个胜利首先当然要归功于原住民"巫医"们，虽然他们的很多做法后来被证明不具科学性，但是他们的宝贵经验却是人类的一笔财富，不承认这一点并不是科学的态度。但是只是依靠经验也不行，必须辅以科学的研究方法，否则"巫医"们永远只会停留在经验的阶段，无法把经验变成正确的科学理论，这样也是行不通的。

（2006.11.13）

转基因商业化 30 年

最近在媒体上炒得沸沸扬扬的"转基因"
其实早在 34 年前就实现了，商业化也已
经进行了近 30 年。

　　转基因说起来很简单，就是把物种 A 的某个基因转移到物种 B 的细胞内。经过转基因后，物种 B 仍然是物种 B，只是多了那么一点额外成分罢了，和"人造新物种"这个听起来有点吓人的概念还差着十万八千里呢。

　　转基因并不是把外来基因胡乱塞进一个新细胞那么简单，因为基因本身只是一张草图，在没有建成大楼（蛋白质）之前，这张图几乎毫无价值。要想让这张草图发挥作用，必须把它放在总建筑师的文件夹（染色体）里，那里已经堆满了各式各样的建筑草图，偷偷塞进一张别的图纸，比较容易蒙混过关。否则，这张图就很容易被扔掉（降解）或者被遗忘，转基因就没有意义了。

　　说白了，从事转基因工作的科学家就像间谍，他们的任务就是骗过总建筑师，在特定的地方塞进一张"假图纸"，代替原来的真图纸，其结果就是在大楼的屋顶上换一块自己想要的瓦。

转基因的故事必须要从 1972 年说起。那年 11 月，在美国夏威夷召开了一次生物学会议。来自斯坦福大学的斯坦利·柯恩（Stanley Cohen）听了赫伯特·波伊尔（Herbert Boyer）所作的报告，大受启发。这个柯恩的主攻方向是大肠杆菌细胞里的一种环形 DNA，叫作"质粒"（Plasmid）。通俗讲，质粒就好比是大楼旁边的自行车棚的设计草图，因为和主楼是分开的，所以单独用一套图纸。正因为如此，质粒这个小密码箱很容易从细胞中被偷（提取）出来，任凭科学家随意摆布。可是，柯恩一直找不到打开这个小密码箱的钥匙。

这个钥匙被波伊尔找到了。这位来自美国加州大学伯克利分校的科学家报告说，他发现了一种酶，可以识别一段特定的 DNA 顺序，然后在中间切一刀，把 DNA 链断开。柯恩听了波伊尔的报告，立刻意识到他可以利用这种酶的特性，在质粒的特定部位切下一小段 DNA，再换上自己想要的新DNA（假图纸）。

1973 年，柯恩从一种非洲爪蟾（Xenopus laevis）的染色体上切下一小段 DNA，"偷偷"塞进了大肠杆菌的质粒中。结果这个被蒙在鼓里的大肠杆菌依然按照草图修建了一座座停车棚，全然没有意识到停车棚上的一块瓦片已经被换成了非洲爪蟾的 DNA。

如果可能，科学家们肯定愿意为这个倒霉的大肠杆菌立一块碑，因为这是历史上第一个被人工"转了基因"的物种。它的出现标志着一门新的学科——生物工程学（又叫基因工程学）——的诞生。

有趣的是，柯恩一开始只对这个间谍行为本身感兴趣，对掉包的这张新图纸的巨大潜力视而不见。最后还是波伊尔意识到了这个新技术的巨大潜力。1976年他在一次会议上提出：转基因技术可以用来让细菌帮助人类生产有用的"瓦片"（蛋白质），比如胰岛素。

与此同时，一个名叫罗伯特·斯旺森（Robert Swanson）的28岁的风险投资家不知从哪里听说了这个"间谍实验"。他对生物工程一窍不通，却凭着自己的本能，相信这一新技术会带来巨大的商业利益。他想方设法约到了波伊尔，两人在伯克利校园外的一间名叫"丘吉尔"的酒吧里聊了十分钟，初步达成了合作意向。两人各自拿出500美元，成立了一家公司，取名基因泰克（Genentech）。波伊尔辞了职，专心转基因技术的商业潜力。他首先看中了胰岛素，因为这是治疗Ⅰ型糖尿病的特效药，肯定有市场。不过，当时胰岛素的基因还没有找到呢！

波伊尔赌对了。第二年，也就是1977年，胰岛素基因就被找到了。同年，有人尝试把大鼠的胰岛素基因转到大肠杆菌中，获得成功。那个被转了基因的大肠杆菌开始按照新图纸，合成出了大鼠胰岛素。值得一提的是，大鼠等高等哺乳动物的胰岛素不但结构相似，功能也几乎相同。事实上，在转基因胰岛素获得成功之前，医生们就是从牛或者猪的胰腺里提取的胰岛素。这种牛（猪）胰岛素完全可以用于人类糖尿病的治疗，只有少数病人会对这种外源蛋白质产生免疫排斥反应。

1978年，波伊尔成功地把人类胰岛素基因转进了大肠杆菌，"骗"它们生产出和真品完全一样的人胰岛素。三年后，基因泰克上市，股价从35美元的开盘价一路飙升至89美元。两位开创者当初的500美元一夜之间变成了8000万美元。

基因泰克是公认的第一家生物技术公司，也是目前世界上第二大生物技术公司。该公司2006年的销售额为76亿美元，雇员超过10万人。由这家公司开发的用转基因技术生产的胰岛素已经全面代替了牛（猪）胰岛素，成为大多数糖尿病病人的首选药物。

到目前为止，已经有多种人类蛋白质药物用转基因的方式生产出来，包括人干扰素、人类生长激素、红细胞生成素和乙型肝炎疫苗在内的多种产品已经进行了多年的商品化生产，没有发现问题。当然，这并不等于说所有的转基因产品都没有毛病，这只是说明，转基因本身并不是个可怕的怪物，正相反，人类已经享受了30年转基因带来的好处了。

（2007.4.16）

纸上谈兵易，真刀真枪难

2007 年初，第一种进入第三期临床试验
的女用杀菌剂失败了，而且败得很惨。

2006 年 8 月在多伦多召开的第 16 届世界艾滋病大会
上，女用杀菌剂是大家谈论最多的话题。代表们普遍认为这
是"妇女抗艾的新希望"。

女用杀菌剂（Microbicide）是一种外用杀菌药膏，女性
在性交前一小时内自己放入阴道内，可以阻止性病（包括艾
滋病）的传染。女用杀菌剂的使用不需要得到男方的许可，
如果被证明有效的话，这将是人类历史上第一次把预防性病
的主动权转交到女性的手里，具有重要意义。

外行看来，这东西很容易做。只要在实验室里找出一种
能杀死艾滋病病毒的化学物质，把它溶进药膏中，不就大功
告成了吗？可事实上，这种药研制起来相当困难。

首先，女用杀菌剂的主要市场在非洲和南亚这些欠发达
地区，当地人用不起昂贵的药，因此原材料必须廉价。其
次，发展中国家的医疗条件普遍不够好，能在这些地区使用
的药物必须能够忍受极端的储存条件，而且储存时间也必须

很长才行。第三，杀菌剂直接接触阴道皮肤，很容易被吸收，因此必须没有副作用。

能够符合这三条的杀菌剂就不那么好找了。比如，曾经有人想用非特异性的细胞毒素作为杀菌剂，这东西对艾滋病病毒的灭活效果倒是不错，可是它不但贵，而且会让阴道壁变薄，破坏阴道内原有的菌落环境，引发其他疾病，所以很快就被否决了。

后来有人找到一种廉价杀精剂，名叫壬苯醇醚（Nanoxynol-9）。在实验室条件下它能够阻止艾滋病病毒的复制，可是，进一步研究发现它含有清洁剂成分，会腐蚀阴道壁，反而增加了艾滋病病毒入侵人体的机会。于是，壬苯醇醚也被否决了。

下一个进入科学家视野的杀菌剂就是硫酸纤维素，商品名"Ushercell"。这种物质的分子表面带有很多阴性基团，能够和艾滋病病毒表面的阳性基团结合，把艾滋病病毒中和掉。要知道，艾滋病病毒就是依靠表面的阳性基团和皮肤细胞表面的阴离子结合，从而进入人体的。一旦被中和，便等于失去了进门的钥匙。

这个原理看上去很有说服力。为了防止出现壬苯醇醚所犯的错误，科学家又在志愿者身上进行了小范围的试验，发现硫酸纤维素对阴道壁没有刺激作用，不会造成内壁细胞破损。

从纸上看，Ushercell 似乎满足了所有条件，可它还是不能上市，必须先进行大规模临床试验。科学家在南非和印度等地找来了 1333 名高危女性（比如性工作者），随机地安排她们使用硫酸纤维素杀菌剂，或者不含硫酸纤维素的安慰剂。结果，一年之后就有 35 人感染了艾滋病。负责研发的加拿大 Polydex 公司委托了一家独立的调查机构进行调查，在最终试验结果还未出来的情况下对试验数据进行了初步分析，发现使用杀菌剂的女性感染艾滋病的概率比使用安慰剂的还要高。于是，Polydex 立刻做出了终止试验的决定。公司的科学家在接受采访时承认，这次试验失败完全出乎他的预料，他实在想不出原因到底在哪里。

这个例子充分说明了临床试验的必要性。人体是一个复杂的生化网络，仅靠某种理论，或者实验室条件下得出来的数据很难说明问题，必须在现实世界中进行科学的检验，才能准确地知道药物是否真的有效。据统计，美国大约每一千种在实验室开发出来的药物中只有一种最终能够进入临床试验阶段，这说明绝大部分理论上看似有疗效的药物都禁不起实践的检验。

即使进入了临床试验阶段，距离上市仍然差得很远。在西方国家，新药的临床试验被分成了四期。一期临床试验，主要是在小范围内考察药物的安全性，与疗效没有任何关系。二期临床试验，是在小范围内考察药物的有效性，同时进一步考察药物的安全性。三期临床试验，是在大范围内（通常是 300 ~ 3000 人，甚至更多），以随机对照试验的方式，考察药物的有效性。通常情况下，通过三期临床试验的药物就可以被批准上市了。但是，上市后的药物还要进行四期临床试验，也就是监督它的安全性和有效性，一旦发现问题，便会立即召回。

临床试验不但需要大量金钱，还需要很长的时间。拿抗癌药物来说，基础研究一般需要花费六年的时间，而临床试验则还需要进行八年，这就是为什么国外上市的药物在专利保护期限内价格如此昂贵的原因。

至于说抗艾药物，由于试验人群很难找，研制起来就更加困难了。此次 Ushercell 临床试验的失败，给刚刚看见曙光的抗艾界致命一击。

（2007.8.6）

进化的副产品

人类的很多疾病都是进化过程中产生的
副产品。

镰刀型贫血症的发病机理是所有生物系大学生的必修课。这是一种遗传病，病人的血红细胞呈镰刀形，携带氧气的能力很低。这个病的奇妙之处在于，变形了的血红细胞能对抗疟疾，这一点在非洲很有优势，这就是为什么这种疾病会在非洲地区如此流行的原因。否则，这样一种影响新陈代谢效率的病变，肯定早就被自然选择淘汰了。

镰刀型贫血症是人类最早弄清真相的遗传性疾病之一。随着遗传学研究的深入，科学家们越来越多地发现，绝大部分遗传病都和镰刀型贫血症一样，不都是有害的。很多所谓的"坏基因"，都会在某个让人意想不到的地方摇身一变，成为一种"好基因"。

精神分裂症（Schizophrenia）就是一个有趣的例子。从表面看，这种病会让患者产生幻觉，行为偏执，甚至使人发疯，严重影响患者的正常生活，应该属于被自然选择所淘汰的范畴。可是，这种病目前在全世界的发病率保持在 1% 左右，这个比率在遗传病当中算是很高的了，这到底是为什么呢？

与镰刀型贫血症不同的是，精神分裂症不是一种单一基因的遗传病。事实上，科学界目前已经发现了几十种基因和精神分裂症有关联，但这些基因的确切作用仍然不明。有人也许会问，既然人类基因组测序工作已经完成，为什么还不能确定到底有哪些基因会导致遗传病呢？原因很简单：人的基因实在是太多了，大部分基因的功能都未搞清。另外，人与人之间的基因顺序存在大量的微小差异，很难确定某种差异和遗传病之间的关联。

针对这类问题，科学家最常采用的方法就是"家族分析法"。具体说，科学家需要找到有精神病史的家族成员，分析他们的 DNA 和正常人之间的区别，看看是否能从中找到某种规律。那几十种"精神分裂症基因"就是这么被发现的。不过，这个方法只能找出可能的致病基因，无法弄清它们的作用机理。

这些基因为什么没有被自然选择所淘汰呢？为了回答这个问题，英国巴斯大学的科学家们对包括人在内的几个灵长类动物，以及一些哺乳动物的"精神分裂症基因"进行了纵向的对比研究。结果发现，在目前已知的 76 个精神分裂症基因当中，有 28 个显示出了遗传优势，也就是说，这 28 个精神分裂症基因居然是被进化所青睐的！

比如，一种名为 DISC1 的基因是目前公认的一个和精神分裂症关系最密切的基因。科学家们发现，这个基因在猩猩和老鼠中都存在对应的基因。与其他类似的基因相比，DISC1在不同物种之间的变化很小，说明这个基因具有重要的价值，经过多年的进化仍然没有发生显著的改变。

这篇论文发表在2007年9月份的《英国皇家学会会报（生物科学版）》（*Proceedings of the Royal Society B*）上。巧的是，美国约翰·霍普金斯大学的几名科学家几乎同时在《细胞》（*Cell*）杂志上发表了一篇论文，描述了DISC1基因的一项新功能。他们发现，这个基因能对成年小鼠大脑内新生成的神经细胞进行调控。如果此基因出了问题，那么新生成的脑细胞就会失控，随机地（而不是有条理地）与现有的神经网络进行结合。这些新细胞的树突数量也会相应增加，而且非常容易被刺激。换句话说，缺乏这个基因的小鼠大脑很容易失去控制，变得更加"混乱"。

大脑失去控制的结果是什么呢？电影《美丽心灵》的原型、数学家约翰·纳什（John Nash）认为，这样的大脑更加富有想象力，也就更富有创造力。纳什本人就是这样一个例子，他一生都在和精神分裂症做斗争，但却运用他非凡的数学才能，在经济学领域作出了优异的贡献，获得了诺贝尔经济学奖。

纳什绝不是历史上唯一一个具有精神分裂症的奇才，凡·高和牛顿都曾经患过精神分裂症。另外，世界最著名的物理学家爱因斯坦，以及搞清DNA结构的著名生物学家詹姆斯·沃森（James Watson）都有一个患了精神分裂症的儿子，显示这两人体内很可能都带有某种能够导致精神分裂症的基因。

科学界一直有这样一个假说，认为精神分裂症基因很可能会让人变得更加富有创造力，这一点显然是具有遗传优势的。不过，这一假说目前缺乏足够的实验证据。

（2007.10.8）

战争与健康

战争是人类的毒瘤，但是战争却无意中带来了很多医学上的进步。

很多医学上的新发现都是在偶然情况下获得的，残酷的战争给了医生们很多这样的机会。

就拿第二次世界大战来说。青霉素的发现得益于"二战"伤兵对抗生素的大量需求，从此人类再也不怕细菌感染了。军事科学家对化学武器的研究意外地发现了氮芥子气的杀癌特性，从此癌症患者多了一样武器——化疗。法国军医亨利·拉布洛提在为士兵动手术时意外地发现了氯丙嗪能够治疗精神分裂症，这是人类第一个治疗精神性疾病的药物。英国医生彼得·梅达瓦在给烧伤士兵移植皮肤的手术中搞清了异体排斥现象的机理，这是免疫学发展史上的一个里程碑式的成果……

早期战争只是为科学家提供了一个试验场，近期的战争则为医学研究提供了大量的科研经费。"9·11"之后，世界各国政府纷纷拨出巨款投入反恐领域。就拿美国来说，他们最怕的武器不是导弹或者枪炮，而是生物武器和放射性炸弹。后者被美国人称作"脏弹",只要把普通炸弹稍加改造,加入放射性物质,就能把任何一座大城市变成切尔诺贝利,其后果不堪设想。

2004年,美国国会拨出巨款,责成八家美国高科技公司和研究所研究对付"脏弹"的办法。两年多过去,脏弹还没见到,但这八家研究所已经花出去5600万美元。这笔钱却也没有浪费,因为有几项成果意外地在抗癌领域派上了用场。

众所周知,目前治疗癌症有两个手段,一是化疗,二是放射性疗法,但是这两种方法都不是专门针对癌细胞的,而是对几乎所有正在生长和分裂的细胞都会造成伤害。因此,这两种疗法的副作用很大,限制了它们的应用。"所谓癌症幸存者,指的是他们不但逃过了癌细胞的攻击,也躲过了治疗方法的副作用。"美国罗斯维尔帕克癌症研究所副所长安德烈·古德科夫(Andrei Gudkov)对记者说,"有些放射性疗法甚至在杀死癌细胞的同时,又在数年后引发了新的癌症。"

放射线最大的害处就是会把化合物中的电子打飞,使之带正电。这样的分子俗称"自由基",属于身体里的"害群之马"。匹兹堡大学的科学家发现一种名叫"锰过氧化物歧化酶"(Manganese Superoxide Dismutase)的生物酶能保护食道癌患者,使他们在经历放射性疗法后72小时内免受自由基的伤害。目前这种酶已经进入了二期临床试验。杜克大学则另辟蹊径，找到了一种小分子物质，能够模仿锰过氧化物歧化酶，把自由基转变成无害的中性化合物。这种神奇的小分子是什么呢？我们只知道它的代号叫作"AEOL 10150"，其余一概不知。别忘了，这项研究是为了冷战的需要，有很强的军方背景。不过，已经有一家公司接手了这项实验，刚刚结束了一期临床试验。

类似的，一家位于美国克利夫兰市的生物科技公司则在研究一种代号为 Protectan CBLB502 的药物，这种药物能作用于一种特殊的基因开关，提升锰过氧化物歧化酶的分泌量，同时减少健康细胞的非正常死亡，释放免疫细胞，帮助人体修补放射线造成的损伤。据称美国军方非常看好这种药的前景。

放射线除了能造成人体大量生产自由基以外，还有很多其他副作用。研究表明，士兵在放射线照射下体内会分泌一系列酶，破坏肠道的内壁组织。美国阿肯色大学的一个受到美国国会资助的研究小组正在试验一种代号为 SOM230 的药物，能抑止这些酶的作用，保护士兵不受原子弹伤害。同理，这种药物也可以被运用到接受放射性疗法的癌症患者身上，减少副作用。

放射性治疗能够让患者的正常组织"纤维化"（Fibrosis）。这些增生的纤维组织间接地保护了位于软组织内的肿瘤细胞，使之免受放射线的伤害。不但如此，它们还能造成患者肌肉酸痛，降低患者的活动能力。已知一种属于免疫系统的蛋白质 TGF-beta 能够刺激细胞生产大量的纤维样组织，美国杜克大学的研究小组目前正在试图利用特异性抗体和小分子化合物来降低 TGF-beta 的活性，他们在小鼠身上试验了这种方法，发现这些特异性抗体和小分子化合物能有效地降低小鼠经历放射性疗法后的纤维化程度。

　　有理由相信，上述这些被公开了的成果只是冰山一角。美国国会计划在今后三年内追加投资 8200 万美元继续这一领域的研究，看来他们尝到了甜头。

（2007.10.29）

牛奶标签风波

食品标签上的信息并不是越多越好。

美国宾夕法尼亚州农业管理局日前颁布法令，不准奶制品公司在销往该州的产品包装上注明"本品不含有重组牛生长激素"的字样。反对者说，这是对民众知情权的粗暴践踏。

食品标签是工业化时代的产物。早期的食品标签只列出了营养成分，比如蛋白质含量什么的，争议倒还不大。可在如今这个食品安全屡屡受到威胁的时代，老百姓越来越想知道关于食品的一切信息，恨不得连一棵白菜浇的是什么水都要过问一下。他们希望农民们用的是山上流下来的雪水，不施化肥，不用杀虫剂。这样种出来的白菜被称为"有机"白菜，在超市里能卖高价。买这种白菜的人绝不仅仅是有钱人，他们大都是一群在精神上反对工业化的人，他们向往在城市里过上一种返璞归真的生活。

牛奶的标签风波就是在这种背景下出现的。

早在上世纪30年代，科学家就发现，牛的生长激素

（Bovine Somatotropin，BST）能够刺激母牛多产奶。可惜那时的科学家不知道如何人工生产 BST，只能从屠宰场死牛的脑垂体中提取它们，然后再注射给母牛。显然，这个方法产量低，很难大规模推广。

美国的孟山都公司（Monsanto）完善了利用基因工程技术生产 BST 的方法，用此法生产出来的 BST 被叫作"重组牛生长激素"（Recombinant Bovine Somatotropin，简称 rBST）。它们和天然的 BST 完全一样，任何技术都无法检测出两者的差别。孟山都给它起了个商品名，叫作 Posilac。1993 年，美国食品与药品管理局（FDA）正式批准了这种新药，Posilac 迅速销往大部分美国农场，谁不想增加产量啊？

很快，反对的声音就出现了。有人写了本书称，自从美国奶牛用了生长激素，它们的乳房就变得十分巨大，"几乎拖到了地面"，牛奶的产量最多可以增加十倍！更可怕的是，自从 Posilac 上市后，美国女孩子的胸部就持续变大，来月经的年龄也提前了。

不过，这些指责并没有科学依据。Posilac 最多只能增加 20% 的产奶量，因此这种牛奶的质量和普通牛奶基本上没有区别。另外，牛生长激素属于蛋白质类激素，不但和人生长激素不一样，而且绝对不可能逃出消化系统的"魔掌"，人类吸收的只是被消化液分解掉的氨基酸而已，不会对人类的发育造成影响。

反对者们又提出：既然不能禁止 rBST 的使用，起码应该在商品标签上注明一下，让消费者有个选择。这一点和转基因食品遭到的待遇非常相似。从表面上看，这个提法是毫无问题的，民主社会嘛，应该让民众有充分的知情权和选择权。

有些农场和奶制品公司顺应了民众的要求，在包装上注明"本品不含激素"。结果 FDA 于 2003 年发文，明确指出这个提法有误导公众的嫌疑。不含激素的牛奶是不存在的，母牛本身就会生产激素，牛奶里不仅含有 rBST，还含有许多其他的激素。假如你担心激素的危害，大概只有吃素这一条路了。别忘了，牛肉里也含有各种各样的激素呢。

这些公司说：好，那么我换个提法，标出我们的牛奶不是用注射了 rBST 的母牛生产的，这总可以了吧？可是宾夕法尼亚州的农业管理局这次又对这个新标签说不。他们的理由是：这种提法依然不妥，因为目前没有任何一种方法能够鉴别出牛奶到底是用哪种方法生产出来的。前面说过，"重组牛生长激素"和天然的牛生长激素完全一样，无法区分。两种方法生产出来的牛奶质量也完全一样，任何分析手段都区别不出来。可是，贴上"非 rBST"标签的牛奶往往能卖出更高的价钱，谁能保证这些公司不造假呢？

当然，这场风波的实质并不是如何防止造假，而是如何看待 rBST 的安全性。宾州农业管理局的局长丹尼斯·沃夫（Dennis C. Wolff）指出，该局之所以决定禁止新标签，是因为标签上的信息有误导的嫌疑。"贴这种标签，往往会给消费者一个暗示：rBST 是不好的。而这个说法目前没有足够的证据。"

目前，欧洲、加拿大和日本等西方国家仍然禁止使用 rBST，不过他们更多是基于对母牛健康的考虑。根据一项调查显示，使用 rBST 的母牛患不育症的可能性增加了 18%，患乳腺炎（Mastitis）的可能性增加了 20%。尤其是后者，不但威胁母牛的生命安全，而且农场主会因此而增加抗生素的使用量。不过，不少美国科学家对此持有不同看法，他们认为乳腺炎发病率的升高只和产奶量有关，和 rBST 没关系。换句话说，无论采用何种方法增加产奶量，都会引起母牛乳腺炎发病率的升高。而且美国明尼苏达大学的一项调查显示，只要采取适当的应对措施，完全能够不增加抗生素的使用量，因此这种牛奶是安全的。

但是，不管科学家们如何解释，老百姓却都更愿意相信反对派。毕竟牛奶在西方国家是一种便宜得几乎过剩的产品，老百姓愿意多花一点钱买平安。于是，这次宾州农业管理局干脆下命令剥夺了民众的知情权，这就等于在该州强行推广这种新技术。

这项具有划时代意义的禁令于 2008 年 1 月 1 日正式生效，让我们拭目以待。

（2007.11.26）

临床试验再起波澜

一桩医疗官司很可能引发医疗系统的一次大地震。

2001 年初，年仅 21 岁的美国女孩阿比盖尔·巴罗斯（Abigail Burroughs）因患头颈癌症，医治无效死亡。这种癌症非常难治，阿比盖尔的死不算意外。但是，在她病重期间，医生曾经建议她试用一种抗癌新药"爱必妥"（Erbitux）。由于种种原因，阿比盖尔没能吃上这种药，这下问题就来了。

"爱必妥"是一种"表皮生长因子受体的抑制剂"，当时刚刚通过了二期临床试验，证明其对抗头颈癌症效果显著。可是，按照美国 FDA 的法律，一种新药必须通过三期临床试验才能被批准进入市场，阿比盖尔要想吃到"爱必妥"，只有去当志愿者。可惜，负责临床试验的"百时美施贵宝"（Bristol-Myers Squibb）公司已经完成了三期试验计划，不再需要志愿者了，无论她父亲弗兰克（Frank Burroughs）怎样央求都没有用。

女儿死后，弗兰克成立了一个名为"阿比盖尔同盟"（Abigail Alliance）的组织，于 2003 年 7 月向地方法院提起诉讼，指责 FDA 的新药审批手续剥夺了病人吃药的权利，要求 FDA 放宽限制，允许重症病人，尤其是晚期癌症患者能够从制药厂拿到正在进行临床试验的新药。

地方法院宣判"阿比盖尔同盟"败诉。但是，2006 年 3 月，"爱必妥"通过了 FDA 三期临床试验，被批准上市，并迅速挽救了很多癌症病人的生命。这件事让胜利的天平开始向"阿比盖尔同盟"倾斜。同年 5 月，哥伦比亚特区联邦上诉法院做出了有利于"阿比盖尔同盟"的判决，称美国宪法赋予了"心智正常的绝症病人使用还在试验阶段的药物的权利，只要这种新药通过了 FDA 的一期临床试验即可"。

FDA 自然不干了，立刻向美国巡回法院提起上诉。2007 年 8 月，巡回法院的十名法官有八人投票支持 FDA，球又被踢给了"阿比盖尔同盟"。于是，后者又向美国最高法院提出上诉。目前这个案子正在审理阶段，"美国临床试验学会"认为，如果 FDA 败诉，将会搅乱美国的整个临床试验体系，给这个已经运行了 45 年的新药审批管理系统带来毁灭性的打击。

美国的新药审批程序被公认为是世界上最完备、最科学的程序。这个程序是在 1962 年开始实施的，被称为是新药临床试验的"黄金标准"。按照这个标准，一种新药必须经过"大规模双盲随机对照试验"，才能被证明有效。

这个标准有多严呢？根据"美国药物研究和生产协会"估计，在美国，每 5000 种有潜力的化合物当中只有五种会进入人体试验阶段，而其中又只有一种能够最终通过第三期临床试验而投放市场。也就是说，临床试验的淘汰率高达五千分之一，而这个淘汰过程平均需要花费将近十年的时间，其费用更是一个天文数字。

即使如此，仍然有不少人指责 FDA 审批药品的速度太快！比如，止疼药 Vioxx 和治疗糖尿病的新药 Rezulin 就曾在上市后不久发现了新问题，被迫召回。

另一方面，那些身患绝症的病人又在抱怨 FDA 速度太慢，贻误时机。不少人实在等不及了，便四处打听，要求加入三期临床试验，充当志愿者。可是，美国马里兰大学生化学家阿迪尔·沙穆（Adil Shamoo）撰文指出："很多病人觉得参加临床试验就好像是去一趟拉斯维加斯，没准儿就能中大奖（治好病），可惜的是，大部分病人都会空手而归（因为新药的淘汰率其实是非常高的）。"

更让人灰心的是，很多志愿者甚至连药都没吃到。临床试验的"黄金标准"规定，新药试验必须采用"双盲随机对照试验"，志愿者无权选择究竟是吃真药，还是吃安慰剂。"临床试验这个过程本身不是治病救人。"美国国立卫生研究院（NIH）的生物伦理学家弗兰克林·米勒（Franklin Miller）认为，临床试验就是牺牲现在的试验对象（愿意参加临床试验的病人），找出能够帮助未来的病人的有效药物。这个说法听上去很无情，但却非常准确地揭示了临床试验的真相。

FDA 其实早就有所妥协。1987 年，FDA 在艾滋病病人的压力下，通过一项法规，允许那些没有被选中加入临床试验的艾滋病病人在小范围内服用尚处于试验阶段的新药。FDA 的理由是：如果病人肯定即将死亡，那么安全性和危险性之间的平衡就被打破了。

但是，这项规定的标准极为严格，大部分绝症病人还是无法接触到正处于试验阶段的新药。FDA 认为，如果扩大新药的试用范围，将会给临床试验的数据收集工作带来极大的影响，其结果反而将会拖延新药的上市。不但如此，一旦放开管制，谁也无法保证制药厂不偷偷收钱，那样的话对病人是不公平的。

这些理由听上去都非常充分，但是"帕金森式病药物研发促进会"的主席佩里·柯恩（Perry Cohen）指出，病人不是傻子，他们会根据自己的病情，选择最有前途的新药。"适合采用黄金标准的主要是一些急性病，其中大部分都已经找到特效药了。"柯恩说，"对于那些慢性病，应该寻找更适合的方法验证药物的有效性。"

柯恩认为，应该加快新药的审批速度，允许大量病人服用新药，然后密切观察病情的变化，这就等于扩大了进行临床试验的人数。柯恩提出，应该采用一种新的统计方法——贝叶斯统计法（Bayesian Statistics）来对付这样的试验数据。这种统计方法不需要临床试验遵循严格的规程，它可以更好地对付"真实世界"里产生的大量"不完美"的数据。

（2007.12.17）

查不出来的兴奋剂

最新研究显示，安慰剂也可以提高运动
员的成绩。

意大利都灵大学医学院的科学家法布里奇奥·本涅德
（Fabrizio Benedetti）最近做了一个足以让奥组委感到头疼的
实验。他让志愿者在健身房里做一种力量训练，同时记录他
们能坚持做下去的时间。然后他给这批志愿者注射吗啡，吗
啡的止痛效果使他们坚持同一动作的时间大大延长了。一周
后，他再一次给这批志愿者打了一针，但针筒里装的却是生
理盐水，也就是我们常说的安慰剂。结果这批打了安慰剂的
人比不打针的人坚持的时间更长，显示出安慰剂也有提高运
动能力的效果。

本涅德把实验结果写成论文发表在 2007 年 10 月 31 日
出版的《神经生物学》杂志上，立刻引来了广泛兴趣。如果
安慰剂也能有效，那奥运会前的药检岂不是形同虚设？事实
上，根据世界反兴奋剂机构（WADA）的规定，运动员可以
在训练时使用吗啡类止痛药缓解运动疲劳，但是在比赛当天
不能使用。可是，本涅德的实验证明，如果让运动员相信比

赛当天打的就是吗啡，仍然会有效果。

本涅德做这个实验的本意并不是想找出一种能逃过药检的万能兴奋剂，而是想找出安慰剂的生理基础。要知道，虽然人类很久以前就知道安慰剂效应，但是直到上世纪50年代才开始认真研究它。

1955年，美国医生亨利·比彻（Henry Beecher）发表了一篇题为《强大的安慰剂》（The Powerful Placebo）的论文，第一次提出安慰剂也具有明显的疗效。他收集的数据显示，大约有1/3受试者会对安慰剂有反应。这篇具有划时代意义的论文第一次把安慰剂的概念引入了临床试验，从此，随机对照的双盲实验成为全世界所有新药必须经过的一道难关。

根据美国食品与药品管理局（FDA）的统计，安慰剂在止痛、抗抑郁、降血压、降胆固醇和控制心跳速度等领域作用尤其明显，在某些临床试验中安慰剂甚至可以对75%的受试者起到某种效果！

安慰剂效应甚至引发了各大制药厂之间对药片颜色的专利之争。研究显示，蓝色药片容易让病人联想到忧郁，疗效往往比红色或者紫色差。于是不少制药厂把颜色也申请了专利，这一做法的基础就是安慰剂效应。

但是，科学家们并不满足于如何鉴别安慰剂效应。他们想，既然安慰剂有明显的疗效，为什么不用它来治病呢？

不用说，要想用安慰剂来治病，必须首先搞清安慰剂的作用机理。本涅德就是这方面的专家。多年来他一直在研究安慰剂用于止痛的机理，取得了很多有用的数据。他证实，安慰剂能通过心理暗示，让病人自己分泌"阿片肽"（Opioid Peptide）。所谓"阿片肽"其实就是身体分泌的小段多肽，一旦结合到中枢神经系统的"阿片受体"上之后，就能起到镇痛的效果。

"阿片"这个词来源于鸦片，事实上，鸦片正是通过模仿"阿片肽"才具有镇痛等效果的，而提炼自鸦片的吗啡被用于止痛药已经有很多年的历史了。

在前文提到的那个实验里，本涅德在生理盐水里放进一定量的纳洛酮（Naloxone，一种能结合阿片肽受体，从而削弱阿片肽作用的药物），结果假吗啡的安慰剂效应就消失了。这个实验说明，安慰剂正是通过促进人体分泌"阿片肽"来达到止痛效果的。

也许有人会说，运动员并不能利用本涅德的方法作弊，因为他们肯定知道比赛当天打进去的那针是假吗啡。但是，本涅德争辩说，很多运动员相信"另类疗法"，可以利用这一点钻个空子。比如，队医可以在训练时偷偷给运动员们注射吗啡，但却告诉他们说这是某种合法的草药。运动员一旦体验到明显的镇痛效果，肯定会相信这种"草药"的力量。于是，比赛当天就可以堂而皇之地继续注射"草药"（但却换成了安慰剂），运动员也不会有疑问了。

当然，本涅德进行这项研究的最终目的不是作弊，而是利用安慰剂来治病。安慰剂治病最大的优点就是没有副作用，缺点则很明显：效果不好控制。研究发现，安慰剂效应不但对不同的疾病有不同效果，而且对于不同国家，以及不同教育程度的病人效果也很不一样。

据报道，已经有医生故意给病人开安慰剂，甚至取得了一定疗效。但是这种做法有违反医疗道德的嫌疑，目前仍然存在很大的争议。

（2008.1.7）

神经系统的清洁工

神经系统是如此复杂，肯定需要一个高
效的管理者。

　　四川地震和唐山大地震最大的不同就是信息开放。成都
交通台自地震当天开始，一天24小时不间断播放救灾信息，
大部分信息都来自听众打进来的电话，而广大志愿者也正是
根据交通台的广播决定应该把物资运到哪里的。可惜的是，
像交通台这样的信息发布平台缺乏有效管理，信息没有经过
整合就公布了出去。于是，志愿者常常一窝蜂地拥到某个村
子，送去了过多物资，而旁边一些没人去过的村子却得不到
足够的救援。

　　过量的、缺乏管理的信息反而造成了救灾效率的低下。

　　同样情况在人的神经系统里也会发生。众所周知，人脑
是由大约1000亿个神经元组成的，神经元之间通过一种名
叫突触（Synapse）的节点相互连接起来，信息通过突触在
神经细胞之间传播。成年人的大脑中大约有4万亿个这样的
突触，一个神经细胞有可能和1000个神经细胞相连，任何
一个突触的中断都可能造成信息传递的中断，其后果很可能

是致命的。

可是，凡事都是一分为二，不必要的突触会造成信息过量，后果同样危险。于是，人脑经常会对突触进行清理，去掉不必要的突触。通俗地说，就是忘记不必要的信息。举个例子：你还记得 1998 年 5 月 29 日下午 14 点你在干什么吗？对于大部分人来说，发生在十年前的一些生活细节就是无用信息，应该被忘掉。

人脑的发育过程有三个最重要的时期，分别是胎儿期、幼儿期和青春期。人脑在这三个时期的生长速度最快，突触的生成速度也最快。但是，欲速则不达，快速生长的突触难免出现错误，于是，这三个高峰期之后，人脑都会经历一段休整期，人脑在这段时期会把刚刚形成的一些没用的突触清理掉。问题是：人脑是如何进行这种清理工作的呢？

科学家很早就弄清了除人脑外其他部分的清洁工的身份，它们就是免疫系统。人类的免疫系统是一支效率奇高的军队，它们不光可以对付外来的敌人，就连人体内部的"叛徒"也是依靠免疫系统来识别并清理掉的。但是，科学家一直认为，人脑是免疫系统的禁地，因为他们觉得免疫系统太过"凶残"，万一杀错了人，后果就不堪设想。而且，人脑有"血脑屏障"，病菌轻易进不来，所以也就不需要免疫系统的保护。

可是，近年来科学家们渐渐发现，以前的看法是错误的。2005 年，美国斯坦福大学的神经生物学家本·巴里斯

（Ben Barres）博士发现，神经细胞也会分泌 C1q 蛋白质。这种小分子蛋白质是免疫系统的一个重要的"补体"，它的作用就是发现入侵之敌，然后把自己附着在外来病菌的细胞表面，为免疫系统的正规军（比如巨噬细胞）竖立一个靶子。正规军一旦发现了 C1q，就会对目标发起进攻，直到把它消灭。

巴里斯博士是研究视神经的专家，他发现，C1q 分子往往集中在视神经束的突触附近，如果某只实验小鼠缺乏 C1q，则它的视神经就会形成过多的突触，其发育就会受到一定的影响。

巴里斯推测，C1q 的作用在大脑中也是一样的。它负责发现不必要的突触，然后把自己附着在上面。之后，大脑中和巨噬细胞对应的"小神经胶质细胞"（Microglia）就会"闻声而来"，把带有 C1q 标记的突触消灭掉。

巴里斯的推测在对青光眼的研究中发现了佐证。青光眼是一系列令视神经受到永久性破坏的眼疾的统称，情况严重者可导致失明。目前关于某些视神经为什么会坏死的机理还没有完全搞清，但是科学家发现，凡是那些失去突触的视神经最容易死亡。巴里斯研究了患有青光眼小鼠体内的 C1q，发现在得病早期，C1q 的水平会迅速上升，而且这些 C1q 都集中在视网膜上。于是，随着 C1q 越积越多，大量的视神经突触被清除。如果这一过程得不到修正，最后的结果就是视神经逐渐死亡，小鼠便会得青光眼。

不光是青光眼，就连阿尔茨海默病也有可能和C1q有关。这种病的主要症状就是失忆，美国加州大学圣地亚哥分校的科学家最近发现，阿尔茨海默病的患者大脑内的大部分神经突触都丢失了，而他们体内的C1q水平也远比正常人要高。

当然了，一个小小的C1q分子不足以说明免疫系统就是神经系统的管理员，但是，科学家在大脑内发现了越来越多的免疫分子。比如，负责识别敌我的标记分子"主要组织相容性复合体"（Major Histocompatibility Complex，MHC）最近也在大脑内被发现了。有人猜测，这种分子和自闭症有某种关联。

很多神经性疾病都和神经突触的管理不善有关。如果科学家能够搞清神经突触的管理模式，就会给很多疾病的治疗带来革命性的改变。

（2008.6.9）

万能流感疫苗

能不能发明一种万能疫苗，对抗所有的
流感病毒？

传染病可以分成两类：一类是细菌引起的，可以通过抗
生素来治疗；另一类是病毒引起的，只能用疫苗来预防。

疫苗最大的敌人是病毒的基因变异，因此流感疫苗每年
都要换新的。比利时根特大学（Ghent University）的生物学
家瓦尔特·菲尔斯（Walter Fiers）对此很不服气，他是国际
分子生物学领域的元老级人物，早在 1972 年就测出了一种
噬菌体表面蛋白基因的顺序，这是人类测出的第一个完整的
基因序列。

自 1980 年开始，菲尔斯教授把兴趣转向流感病毒
的表面蛋白（又叫作抗原），他认为这是解决问题的关
键，因为流感疫苗就是根据病毒表面蛋白的结构而设计
的。流感病毒的外表包含两种主要的抗原：一种是血凝
素（Hemagglutinin），它的作用是让流感病毒附着在宿主细
胞表面，然后钻个空子进入宿主细胞；另一种是神经氨酸
酶（Neuraminidase），这是流感病毒向其他细胞扩散的关键

因子。

科学家按照这两种抗原的结构不同，把流感病毒分成许多种不同的亚型。比如，1918 年西班牙流感的罪魁祸首是 H1N1 型流感病毒，1957 年爆发的亚洲流感则是 H2N2 型病毒造成的，而 1968 年香港地区爆发的流感的主犯是 H3N2 型流感病毒。

这三次流感是 20 世纪全世界爆发的规模最大的流感。其中西班牙流感造成了至少 5000 万人死亡，后两次虽然规模较小，但也分别导致了将近百万人死亡。这三次流感都是因为流感病毒基因变异，导致人体免疫系统失去目标而引起的。为了防止未来发生类似的事情，必须首先搞清流感病毒基因变异的模式。

菲尔斯教授测出了 1968 年香港地区流感病毒的血凝素的基因顺序，并和一种曾经在 1965 年流行一时的流感病毒做比较，结果表明两者之间只在几个毫不相干的位点有差异。菲尔斯教授因此推测，1968 年香港地区流感大爆发正是由于 1965 年的流感病毒的血凝素基因发生了一点突变，导致抗原变异造成的。

这种由于某几个基因位点发生随机突变而导致的抗原变异叫作抗原漂移（Antigenic Drift）。

菲尔斯教授又研究了 1963 年在鸭子中爆发的禽流感病毒，结果发现其血凝素基因的顺序和 1968 年香港地区流感病毒的非常相似。也就是说，1968 年香港地区流感病毒的原型很可能是人流感病毒和禽流感病毒杂交的结果。这种杂交通常发生在经常接触家禽的人身上，两种来自不同宿主的病毒彼此之间互换基因片段，其结果就会生成一种人体免疫系统从没接触过的全新病毒。

这种由于杂交而导致的抗原变异叫作抗原转移（Antigenic Shift），这是一种比抗原漂移变化幅度更大，因此也就更危险的变异方式。国际医疗界之所以对 H5N1 型禽流感病毒如此警惕，原因就在这里。

由于菲尔斯教授等人的努力，科学家们终于摸清了流感病毒发生变异的规律。找出规律是为了预测未来，世界卫生组织（WHO）每年都会根据上一年流行的感冒病毒的基因顺序，预测下一年的变异方向，然后根据这种预测，设计出相应的疫苗，交由各大制药厂组织生产。

显然，这种方式具有一定的误差率，而且因为疫苗的生产周期很长，一旦预测不准就来不及补救了。

于是，菲尔斯教授开始着手研制万能疫苗。他在流感病毒表面找到了一种名为 M2 的蛋白质，这种蛋白质中的一段（M2e）在近一百年内几乎没有发生任何变化，看上去很适合作为万能疫苗。但是，天下没有免费的午餐。M2e 之所以不发生变异，是因为它在病毒表面的含量极低，很难触发人体的免疫系统对之发生免疫反应。

为了让免疫系统识别 M2，菲尔斯教授用基因工程的方法，把 M2e 基因片段和一种名为 HBc 的乙肝病毒基因连接在一起。然后他把这种新生成的 M2e-HBc 基因导入大肠杆菌，指导大肠杆菌生产出大量的 M2e-HBc 蛋白质。动物实验表明，这种蛋白质很容易激活小鼠的免疫反应，生产出针对 M2 蛋白质的抗体。

这个办法看似完美，但实际操作起来并不那么简单。因为人道主义的缘故，任何一种应用于人体的疫苗都不可能直接进行临床试验，而只能在易感人群中进行大规模接种，然后对结果进行观察统计。这种试验需要大笔经费，而且往往需要很长的时间。菲尔斯教授早在 1999 年就在世界著名的《自然》杂志药学分册上发表了相关论文，并和 Acambis 制药公司签订了合作协议，但是直到 2007 年双方才终于完成了第一期临床试验。结果表明，有 90% 的受试者体内产生出了针对 M2e 蛋白质的抗体。

但是，这还不能说明问题。临床试验的结果谁都不敢预测，比如，早在十年前就有一家公司生产出一种基于流感病毒核蛋白（Nucleoprotein）的万能疫苗，结果临床试验表明这种疫苗作用十分有限。

退一步说，即使临床试验证明 M2e-HBc 疫苗真的有效，人类也不能高枕无忧。传染病专家、英国东伦敦大学教授龙·卡特勒（Ron Cutler）警告说，这种疫苗一旦大面积推广，有可能促使流感病毒的 M2 基因开始变异。如果真是这样的话，那么这种万能疫苗也得经常更新，其效果就跟传统疫苗区别不大了。

看来，为了对付一个小小的流感病毒，人类还有很长的路要走。

（2008.6.23）

有三个家长的孩子

有 30 个孩子，他们体内的遗传物质来自
两个母亲、一个父亲。

2007 年 9 月 5 日，英国政府下属的"人工授精与胚胎学管理局"（HFEA）批准了一项"人兽杂交"实验，曾经在全世界引起轩然大波。一年后，又有几个英国科学家试图尝试"人人杂交"，同样引起了广泛的争论。

HFEA 批准的实验其实应该叫作"胞质杂交"，也就是把人的卵细胞核移植到去掉细胞核的动物卵细胞中。"胞质杂交"争议的核心就是线粒体，因为线粒体存在于细胞质当中，因此"胞质杂交"生成的胚胎含有动物的线粒体。

线粒体是为细胞提供能量的"发电厂"，其中含有 37 个基因，编码 13 个线粒体蛋白质。人类的线粒体大约有 1500 个蛋白质，除了这 13 个蛋白质是由线粒体基因编码的以外，其余的蛋白质都来自细胞核的基因编码。但是，正是这 13 个线粒体基因让很多人感到不安。人类对来自动物的蛋白质并不恐惧，但最怕和动物基因打交道，因为基因是可以遗传的，难免让人产生"串种"的感觉。

说到遗传，线粒体 DNA 的遗传跟男人基本没关系。人类的每个精子中含有大约 100 个线粒体，它们为精子的游动提供能量。但当精子进入卵子后，绝大部分精子线粒体就都被破坏了，即使侥幸有个把活下来，也成不了气候。因为人的卵子中至少含有 10 万个线粒体，它们随着细胞的分裂而不断自我复制，成年人细胞中的所有线粒体几乎全都来自母亲。

这就产生了一个问题。如果母亲的线粒体 DNA 存在缺陷，就不能像正常染色体变异那样，可以用来自父亲的基因去弥补。这样的母亲生下来的孩子极有可能会出现问题。幸好人类的线粒体疾病发病率很低，通常每 8000 人才有 1 例。但是线粒体疾病的后果往往非常严重，细胞能量的不足会导致发育迟缓、智力低下，甚至死亡。

英国纽卡斯尔大学的科学家想出了一个办法，就是利用前文提到过的"胞质杂交"技术，只不过把动物卵子换成另一位健康妇女的卵子，去核后用来作为"受体"，接收来自母亲的细胞核。这样产生出来的卵子带有绝大部分母亲的遗传物质，只有那 37 个线粒体基因是来自健康志愿者的。问题似乎解决了。

事实上，类似的实验早就有人做过了。上世纪 90 年代，美国一家治疗不孕症的研究机构曾经尝试过类似的办法。他们从健康妇女的卵子中抽取出极少量（少于 5%）的细胞液，把它注入患有不孕症的妇女的卵子中，希望这少量的细胞液中含有某种神秘的"催化剂"，能让原本不孕的卵子重新活跃起来。虽然这个实验的科学原理至今仍未搞清，但这家研究所做过多次，成功了大约30例，生出了30个"有三个家长的孩子"。

也许有人会说，这小于5%的细胞液中只含有极少量的线粒体DNA，应该没事吧？可惜事情并不是这么简单。几年后，科学家们说服这30个孩子中的2人提供自己的血液，然后研究血细胞中的线粒体的来源，结果令人吃惊：有大约1/3的血细胞线粒体来自当初那个提供"催化剂"的志愿者。

这个实验说明，线粒体DNA的增殖方式和其他基因有所不同，其结果往往很难预料。

迄今为止，那30个孩子身体健康。来自志愿者的线粒体DNA似乎和双亲的基因组相安无事，但这并不等于以后的实验不会出问题，因为这毕竟是自然界从来没有发生过的事情，其后果很难预料。出于安全考虑，美国食品与药品管理局（FDA）还是把这个方法给禁掉了。

治疗不孕症毕竟还有其他一些更安全的办法，但是如何让那些线粒体有缺陷的母亲生出健康的孩子呢？科学家至今依然没有想出有效办法，只有"胞质杂交"这一条路可走。但是，这个方法必须回答一个关键问题：来自不同个体的线粒体DNA是否能和细胞基因组兼容？

答案并不乐观。据估计，线粒体DNA的变异速率是染色体 DNA 的 20 倍，发生突变后的线粒体 DNA 很可能和染色体 DNA 不兼容。统计显示，大约有 40% 的人类胚胎在怀孕初期会发生自然流产，不少科学家认为这正是因为这些胚胎的线粒体 DNA 发生了突变，造成了不兼容。

动物实验也证实了线粒体 DNA 确实存在兼容问题。美国圣地亚哥海洋研究所的科学家研究了一种生活在太平洋沿海的甲壳纲小动物，这种动物被分成了不同的部落，平时很少杂交。科学家尝试让它们互相交配，结果生出来的后代大都发育迟缓，代谢速度降低，寿命很短。分析结果显示，这正是因为来自不同部落的线粒体和基因组不兼容。

种种迹象表明，要想利用"人人杂交"技术生出"有三个家长的孩子"，必须首先解决线粒体兼容的问题，否则很有可能对孩子的健康产生不可预料的影响。

（2008.9.1）

意志的胜利

意志力是一种生理活动，需要消耗能量，
因此意志力有用光的时候。

香烟、白酒、咖啡、巧克力、上网、看电视、睡懒觉、玩游戏机……怎么样，看到这个名单时你心动了吗？在你流口水的时候，是否还会想到肺癌、高血压、心脏病、肥胖症、家庭作业、一本买回家半年却没有时间看的书，以及即将到来的截稿日期？

人的一生，几乎天天都要跟各种诱惑做斗争。诱惑面前，没人敢说自己永远会获胜，但人的意志力确实有差别，同样一块巧克力，有的人就是能忍住不吃。

人的意志力是哪儿来的？大脑核磁共振成像技术给出了答案，这种技术能够知道人在做某件事时大脑的哪个部位最活跃。爱尔兰都柏林大学圣三一学院的神经生理学家休·盖拉万（Hugh Garavan）运用这一技术研究了人在需要意志力的时候究竟使用了哪部分脑细胞，他发现答案取决于人到底想做什么。饥饿的时候拒绝饼干，或者强迫自己控制某种情绪，是两种不同的意志力，所使用的神经回路也是不同的。

但是，所有这些复杂的神经回路似乎都围绕着大脑前额叶，尤其是右侧前额叶来进行。

我们当然不可能把某人的前额叶去掉，看看这人是不是从此失去了自制力。但是，有一种方法可以无损伤地做到这一点。英国科学家安东尼·贝克（Anthony Barker）于1985年首次尝试用"经颅磁刺激"技术（Ranscranial Magnetic Stimulation）研究人的大脑。这种技术通过快速变换磁场而在脑内的特定区域引发微弱的电流，从而激活或者抑制该部位的脑神经活动。因为这一技术属于"遥控"，对脑细胞功能的影响完全可逆，不会造成永久性创伤，所以很快成为神经科学基础研究的工具之一。

盖拉万教授招募了一批志愿者，用"经颅磁刺激"技术暂时干扰他们的前额叶，然后让他们做一个精心设计的计算机小游戏，测量他们控制冲动的能力。结果他发现前额叶确实能影响志愿者的意志力。

前额叶负责"工作记忆"（Working Memory），也叫作"短时记忆"。前额叶受损的人可以回忆起小时候发生的事情，却一点也想不起来几分钟前发生过什么。有证据表明，"工作记忆"差的人控制冲动的能力也差，说明两者很可能有联系。

前额叶也是人脑中发育时间最长的部分，一般人要到25岁以后前额叶才算完全发育成熟。"这大概就是青少年比成年人缺乏意志力，更容易冲动的原因。"盖拉万教授说，

"青少年感受快乐和奖赏的机制和成年人是一样的，但是他们控制基本冲动的能力和成年人大不相同。"

老年人同样会表现出意志力差的特点，盖拉万教授发现老年人在做意志力测验的时候比成年人需要动用更多的神经回路，这说明老人的大脑前额叶已经衰退了，需要动员更多的脑细胞前来助阵，才能控制冲动。

既然意志力需要大量脑细胞参与，因此意志力和肌肉活动一样，需要消耗能量，也就都有累了的时候。为了证明这一点，美国佛罗里达州立大学教授罗伊·鲍麦斯特（Roy Baumeister）设计了一个巧妙的实验。他先让两组饥饿的受试者分别克制自己吃巧克力和胡萝卜的欲望，然后让他们做一种计算机游戏，测量他们控制冲动的能力，结果发现巧克力组的得分较低，说明他们在克服巧克力诱惑的时候比胡萝卜组的志愿者消耗了更多的意志力。

意志力需要何种能量？为了回答这个问题，鲍麦斯特教授让一组志愿者事先喝一杯含糖柠檬水，另一组志愿者的柠檬水里只加人工甜味剂（假糖），结果第一组志愿者的意志力要比第二组高。鲍麦斯特认为，这个实验说明意志力需要葡萄糖。

"你把意志力想象成肌肉运动就很容易理解了。"鲍麦斯特教授说，"肌肉工作一段时间后就需要休息，补充葡萄糖，意志力也是如此。"

这个结论对于减肥者来说可不是一个好消息。他们需要用意志力来控制食欲，可没有能量的话意志力就会不够用，这简直要算是新时代的 22 条军规了，难怪减肥是天底下最难的事情。

比减肥更难的是同时还想戒烟，于是我们看到了太多戒烟成功后却变成大胖子的案例。戒烟需要消耗大量的意志力，于是戒烟者们就匀不出更多的意志力用来控制饮食了。

既然意志力可以被想象成肌肉的运动能力，是不是说明意志力也可以像肌肉一样，通过锻炼来加强呢？鲍麦斯特教授相信确实可以，但也有不少人对此持怀疑态度。但是，大部分心理学家都认为，人类能够通过一些巧妙的手段帮助自己提高意志力。比如，做事情胃口不要太大，免得意志力不够用；事先把计划写在纸上，越详细越好，这样可以提醒自己不要懒惰；把新计划变成一种生活习惯，比如规定自己每天下午 5 点必须去健身房锻炼。一件事一旦变成习惯，所需消耗的意志力就不大了。

（2008.10.13）

越想越胖？

你的大脑在想问题的时候真的多消耗了能量吗？

成年人的大脑重量只占人体总重量的 2%，却消耗了 20% 的能量。可见，动脑筋是很费劲的。

人们都喜欢把计算机叫作电脑，但是，如果从能量消耗的角度讲，这个比喻是不准确的。电脑关机的时候不耗电，人脑在休息的时候却仍然要消耗能量。于是，又有人把人脑比作汽车发动机，平时休息时就像汽车怠速，耗油量较少，动脑筋的时候就像行驶途中，油门肯定得一直踩着才行，耗油量立刻就上去了。

这个比喻听上去很正确，至少直觉上如此。美国《身心医学》(Psychosomatic Medicine) 杂志曾经招募了 14 名大学生做过一个心理测验，让他们分别进行三种活动：坐下休息，给一篇文章写读后感，做一个与记忆力有关的小测验。半小时后让他们去吃自助餐，结果发现，学生们在动脑筋后的饭量明显见涨，平均算下来，写完读后感后吃下去的热量比休息后多了 203 卡路里，做完小测验后更是多吃了 253 卡路里!

问题是：学生们动脑筋时到底多消耗了多少卡路里的能量呢？

为了回答类似问题，早在半个多世纪前就有人做过试验。1953 年，一位名叫路易斯·索科洛夫（Louis Sokoloff）的美国医生在一位大学生志愿者的颈静脉里插入一根针管，随时监测他的大脑耗氧量，以此来间接测量这位大学生在休息和动脑筋时的能量消耗。出乎索科洛夫意料的是，这位大学生在闭眼休息和做数学题时的大脑耗氧量没有任何差异。

索科洛夫认为自己的试验精度不够，因此没有继续做下去，这个试验结果也因此而被埋没了很多年。直到上世纪80 年代，科学家们掌握了更加精密的测量方法，重新开始研究大脑的能量消耗，得出的数据和索科洛夫的相同。从总体上看，动脑筋并没有多消耗能量。

但是，如果具体到大脑的不同部位，差别就显出来了。有一种技术名叫"正电子发射断层扫描成像技术"（Positron Emission Tomography, PET），可以对大脑进行三维立体扫描。扫描前先给志愿者服用一种带有微量放射性的葡萄糖，然后用 PET 跟踪葡萄糖分子的走向。众所周知，葡萄糖是能量分子，葡萄糖分子聚集在哪里，就说明哪里的神经细胞正在拼命工作呢。

美国华盛顿大学神经生理学家马科斯·雷克利（Marcus Raichle）试图利用 PET 技术研究人脑的哪部分与语言有关。

可是，在研究过程中，他发现了一个奇怪的现象：人在休息的时候，人脑中的某些部位异常活跃，可一旦他开始动脑筋，这部分就突然"冷"了下来，葡萄糖不再在这里聚集了。

和索科洛夫一样，雷克利当初也认为自己观察到的现象是背景噪音。但是，雷克利的同事戈登·舒尔曼（Gordon Shulman）不这么想。他把134名志愿者的PET数据综合在一起进行统计分析，发现这个奇怪的部位在每个人那里都是一样的，都位于大脑皮质的中轴线上，从前额一直延伸到后脑。两人于2001年联名发表了这个试验结果，并把这部分奇怪的脑组织命名为大脑的"默认网络"（Default Network），意思是说，平时这部分大脑一直是活跃的，除非人开始动脑筋了，它才会给其他部分让路。

两人还发现，这个"默认网络"甚至比大脑的其他部位更加耗能，单位体积的能耗比其他部位高30%左右。

这个发现在神经科学界引起了广泛关注。这就等于说，我们的大脑深处一直存在一套神秘的系统，在我们的眼皮底下偷偷干着某种神秘的勾当。科学家们急切地想知道这套系统究竟在干些什么，他们对照了以前的研究，发现这套系统的位置大约相当于大脑内侧前额叶皮层（Medial Prefrontal Cortex），这部分脑组织和人的自我认知密切相关，如果内侧前额叶皮层受到损害，人会忘记自己切身经历过的很多事情。曾经有一位中风的病人，内侧前额叶皮层被损坏了，醒来后她报告说自己仿佛继承了一个空空荡荡的大脑，记忆中曾经有过的那些漫无目的的意识流现在都消失了。那些细碎的小思想其实每时每刻都在每一个正常人的头脑里不断地飘过，只是我们没有意识到罢了。

不过，人类有时也会意识到这些意识流的存在，人类还给它们起了个好听的名字——白日梦。科学家认为，人的白日梦其实是非常有用的。我们做白日梦的过程，就是在把我们每时每刻的经历整理出来，把不必要的信息扔掉，把有用的信息存档备用。这项工程是如此浩大，以至于大脑必须每时每刻都不停地工作，直到你需要集中精力分析一件事了，才会暂停一下，把宝贵的葡萄糖省下来留给负责进行逻辑分析的那部分神经组织。

关于这个"默认网络"的研究是当前神经生理学的热点之一，科学家们相信这个神秘的网络将有助于解开人类的记忆之谜，甚至会最终揭开潜意识的面纱。不过，在科学界有定论之前，我们所能做的就是别把动脑筋这件事太当回事了。要知道，你在动脑筋的时候，大脑其实是在休息呢。千万别因此而多吃，否则你会越想越胖。

（2008.12.1）

当副作用唱了主角

千万别小看药物的副作用，这是一个潜
力巨大的金矿。

美国食品与药品管理局（FDA）在2008年圣诞节的前一天正式批准了全球首个睫毛增长药 Latisse，为爱美的女人们送上了一份圣诞大礼。

生产 Latisse 的美国医药公司爱力根（Allergan）介绍说，这是一种用于治疗眼睫毛稀少症的处方药，使用者用一次性毛刷将药水涂抹在眼睫毛根部，每天涂一次，2～4个月后就能看到睫毛变长变密变黑。但该药必须持续使用，停用数月后眼睫毛就将回到涂药前的状态。

爱力根公司宣布将于2009年2月正式推出 Latisse，售价为每月120美元。很显然，该药的销售对象绝不会仅限于眼睫毛稀少症患者，而是大批爱美的女士。该公司的专家估计该药将在全球创造一个每年5亿美元的新市场，而这一切居然是源自一种处方药的副作用。

原来，爱力根在2001年曾经推出过一种治疗青光眼的眼药水，名为 Lumigan。这种药的主要成分是贝美前列腺素

（Bimatoprost），它能促进眼球内液体的流出，降低眼压，从而减轻青光眼的症状。Lumigan 上市后不久，医生和患者们就意外地发现了它的一个副作用：促进睫毛生长。对那些爱美的女士来说，这可是一个绝佳的小道消息。有些医生在女士们的要求下，偷偷为她们开药，其理由当然和青光眼无关。再后来，一些公司悄悄推出了几种以贝美前列腺素为主要成分的化妆品，对它的副作用进行了明显的暗示。FDA对于化妆品的要求不如药品那么严格，这些化妆品算是打了个擦边球。最后 FDA 终于看不下去了，于 2007 年宣布这些化妆品为非法，并动用司法的力量扣押了一批价值 200 万美元的化妆品，勒令这些厂商停止生产。

作为 Lumigan 的专利拥有者，爱力根当然不会容忍肥水流向外人田，他们的科研人员迅速招募了一批志愿者，对贝美前列腺素的副作用进行了科学的研究。临床试验结果显示，局部涂抹贝美前列腺素确实能促进睫毛生长。其原因虽然并不十分清楚，但爱力根公司的科研人员相信，这种源自脂肪酸的生化小分子能够与睫毛囊细胞受体相结合，促进睫毛的再生。

FDA 严格审查了爱力根公司提供的试验报告，确认Lumigan 的生发作用确实存在，而且也比较安全，这才批准它变身为睫毛增长药。

爱力根公司不是第一次干这种事情了。早在上世纪 80年代，爱力根曾经开发出一种治疗斜视和眼睑痉挛病的新药，名为 Botox，其主要成分为一种肉毒杆菌分泌的肉毒素，能够麻痹肌肉神经。使用一段时间后有医生报告说，这种药还能放松眼角肌肉群，消除眼角皱纹。于是爱力根立刻改变研究方向，着手研究这种奇妙的副作用，最终靠它赚了大钱。

在医药界，类似这样无心插柳柳成荫的情况比比皆是，这方面爱力根并不是最有名的。比如目前效果最好的两种治疗男性脱发的药物保法止（Propecia）和落健（Rogaine），居然都是属于这种情况。保法止的主要成分是非那雄胺（Finasteride），它能阻止睾酮（Testosterone）转变为双氢睾酮（DHT），后者会让前列腺肥大，增加患者得前列腺癌的概率，因此非那雄胺最早被当作一种前列腺保健药物推向了市场，没想到患者使用一段时间后发现自己又长出了新头发，这个副作用令生产该药的默克制药公司改变思路，保法止诞生了。

落健的情况与此类似。它的主要成分是米诺地尔（Minoxidil），它能模拟一氧化氮分子，具有扩张血管的功效，因此最早被用于治疗高血压。同样，是患者首先发现它具有促进毛发生长的副作用，并促使生产该药的普强制药集团（Upjohn Corporation）改变策略，落健诞生了。

还有一种最初被用来治疗高血压的药物，名叫西地那非（Sildenafil），现在人们更喜欢把它叫作"伟哥"。不用说，西地那非的副作用最早也是由患者首先发现的，最后辉瑞公司抓住机会，专门针对这个副作用进行了临床试验，终获FDA批准，为公司赚了大钱。

看到这里，读者也许会产生疑问，难道现代医药领域的新发现全都是误打误撞得来的？你还真猜对了。目前生物化学领域的研究还很原始，科学家还做不到针对某种疾病主动设计新药。目前通常的做法就是先合成出大量具有不同分子结构的化合物，然后挨个测量它们的生化特性，从中筛选出有潜力的新药，整个过程其实都是在碰运气而已。

当然了，再好的筛选机器都比不上真人。人体内的生化反应是一个复杂的网，只有患者才是最好的筛选机。正是由于患者的自身观察，医药界才能发现药物的很多不为人知的副作用。如果这个副作用恰好有更加广泛的需要，就会喧宾夺主，摇身一变成为一种全新的药物。

中药的价值也正好体现在这里。大部分中药都是古人多年实践的产物，具有无法替代的宝贵价值。但是，光有实践还不够，还得把这些实践上升到理论才行。很多民间自发的实践并不可靠，一来会把安慰剂效应误解为真实疗效，二来很多药的副作用缺乏明确的界定，容易出问题。只有规范中药市场，用科学的方法对中药进行严格检验，才能去粗取精，充分发挥中药的优势，为民造福。

（2009.1.12）

眼睛是大脑的窗口

视神经盘直通大脑内部，可以看作是大
脑神经细胞的延伸。

人类对算命的需求实在是太强烈了，人身上凡是有点变
化但又无关痛痒的地方，比如指纹、掌纹、血型、面相、骨
相……甚至脑门上的头发有几个旋儿，都被开发成了算命
工具。

其中最高科技的一种算命方法要算是看虹膜。人的虹
膜就是眼球正中心那一圈有颜色的部分，不但颜色有所不
同，上面的图案更是千变万化，简直太适合算命了。当人类
发明出了放大镜，尤其是照相机后，虹膜算命术也就宣告诞
生了。算命专家们绘出了一张标准图，把虹膜分成了很多区
域，分别代表人体的各种组织和器官。算命师先用显微成像
术为你照一张虹膜照片，再和标准图做对比，就能滔滔不绝
地说出你身上哪个部位出了问题。

那么，事实是怎样的呢？科学告诉我们，虹膜只是一种
带有色素的维管组织，其中包括结缔组织、神经组织和毛细
血管。虹膜中含有的色素是用来遮光的，让光线只能从中间

的瞳孔穿过进入眼球，照到眼球后方的视网膜上。瞳孔的大小则是依靠分布在虹膜周围的括约肌来调节。至于说虹膜上的花纹，那是完全随机的，不可能与人体器官有任何联系。事实上，科学家曾经对几名虹膜算命大师做过双盲试验，结果发现他们不但算不准，就连算出来的结果也存在着很大的差别。

但是俗话说得好，眼睛是灵魂的窗口。眼睛虽然不能用来算命，但却可以用来偷窥大脑的秘密。大脑是由无数神经细胞组成的，但神经细胞很难直接被看到，医生们只能用各种间接的办法检查神经细胞的健康状况，比如核磁共振成像（MRI）。不过，MRI太过昂贵，病人必须一动不动地在机器里躺很长时间，做一次很麻烦，而且精度也不够高。

有没有办法直接看到神经细胞呢？有。众所周知，视网膜上就布满了视神经细胞。既然外面发出的光线能照到视网膜上，就一定能被反射出来，让科学家看到视网膜以及视神经细胞的样子。其实大家肯定都见过视网膜，照相时常见的所谓"红眼"，就是因为人在暗处时瞳孔张开，而闪光灯的速度太快，瞳孔来不及闭合，光线从张开的瞳孔照进去，又被眼球基底的视网膜反射出来。眼球基底布满了血管和色素，所以看上去是红颜色的。

如果照相机的精度足够大，就能看到眼球基底上有一个圆形的区域，叫作视神经盘（Optic Nerve Disc，简称OND）。光信号被视网膜转换成神经脉冲后，必须经由视神经送入大脑，视神经就是在视神经盘这里汇集成一束然后进入大脑的。换句话说，视神经盘直通大脑内部，可以看作是大脑神经细胞的延伸。

眼科医生们当然不会用普通照相机做研究，他们使用两种更精密的仪器来观察眼球内部的情况，它们分别叫作海德堡视网膜断层扫描仪（HRT）和激光偏振仪（GDx）。以前这两种仪器只是被用来诊断青光眼等眼科疾病，但在2006年，新西兰的一位眼科医生海伦·丹内施－梅耶（Helen Danesh-Meyer）首次运用这两种仪器观察了视神经盘的形状，并以此来推断病人整个脑神经系统的健康状况。她招募了40名患有阿尔茨海默病的病人，并和50名健康人做了对比，结果发现前者视神经盘的形状发生了显著的变化，视神经纤维明显比健康人要细。

这是怎么回事呢？原来，很多神经系统的疾病，包括多发性硬化症、阿尔茨海默病和帕金森病等，都是由于脑神经的退行性病变造成的。视神经也是脑神经的一部分，自然也会受到影响。事实上，大部分神经系统退行性疾病的先兆之一就是视力的退化。

由此可见，眼睛确实是大脑的窗口。丹内施－梅耶医生的实验证明，只要仪器足够精密，科学家们就能够通过这个窗口窥见大脑的秘密。

丹内施－梅耶医生使用的仪器还不够精密，很快又有一种新的仪器被发明了出来，这就是光学相干断层扫描仪

（Optical Coherence Tomography，简称OCT）。这种仪器能够把一束可见光打到眼球内部的视网膜上，并反射出来。利用光线干涉的原理，就能测量出不同反射平面的厚度。因为视网膜是半透明的组织，因此这种方法可以穿透几厘米的厚度，为科学家画出一幅精密的视网膜三维图像。

这个方法首先被运用到了多发性硬化症的治疗监测上。这种病的治疗方法多半都有严重的副作用，医生们都希望能够密切监测药物的疗效，一旦发现效果不好，就可以立即停药，让病人免受不必要的痛苦。临床试验发现，OCT可以很精确地测出视神经纤维的厚度变化，并以此准确地推测出药物的疗效。

那么，科学家们能否运用这一技术，对神经退行性疾病做出准确的预判呢？丹内施-梅耶医生认为现在还做不到，原因在于，每个人视神经的初始状态都不一样，无法横向对比。要想用这种方法来为病人"算命"，就必须知道每个人的初始状态。不过，丹内施-梅耶医生对这个方法的前途十分看好，她认为OCT使用方便、费用低廉，健康人可以考虑每年做一次OCT体检，建立一套档案。只要有了历史数据，就能很容易地推断出每个人神经系统的健康情况，及时发现神经退行性病变的前兆，达到"算命"的目的。

（2009.2.23）

安全干细胞

....

干细胞领域再获重大突破，科学家找到
了一种安全生产干细胞的方法。

如果一个生活在两百年前的人有机会参观一下现在的医
院，他肯定会惊讶得说不出话来。很多我们习以为常的医疗
手段，包括抗生素、免疫接种、器官移植和试管婴儿等等，
在两百年前都是不可想象的。这位古人肯定会觉得现代医学
有如神助，但其实绝大多数新的医疗手段都是经历过很多挫
折才达到了现在的水平。

比如，人类对抗生素的使用就经历了将近半个世纪才达
到了对症下药的程度，并进一步认识到了滥用的危害；免疫
接种在刚被发明出来的时候经常会导致病人感染，直到人们
在分子水平上理解了免疫系统的工作原理之后才真正做到了
安全无害；器官移植从最初相对简单的肾移植发展到如今复
杂的心脏移植，每一步都凝聚着无数科学家的心血。

下一个听起来有点天方夜谭的新技术就是干细胞。想想
看，将来有一天，你的任何一个器官出了问题，都可以去医
院定做一个新的装上去！毫无疑问，干细胞技术将彻底改变

人类的生活方式。21世纪正好是干细胞技术攻城拔寨的关键时期，我们得以亲眼目睹这一巨变的发生过程，实在是一件很幸运的事情。

就在不久前，科学界还认为成年体细胞不可能"回拨时钟"，转变为多功能干细胞，但科学家们最终发明出了细胞核移植的办法，把成年体细胞的细胞核移植到受精卵细胞中，诱导出了干细胞，并最终由苏格兰科学家伊恩·威尔穆特（Ian Wilmut）成功地克隆出了第一只哺乳动物——多利羊。

但是，这个方法在人类中的运用不但存在着严重的伦理问题，而且效率太低，费用过高，很难商业化。最好的解决办法就是找出某个基因或者细胞因子，直接把体细胞转变成多功能干细胞，不需要卵细胞的参与。2006年，日本京都大学的科学家山中伸弥（Shinya Yamanaka）找到了这个窍门。他把c-Myc、Klf4、Oct4和Sox2这四个基因导入小鼠的皮肤细胞，把后者诱导成了多功能干细胞。2007年他又在人类身上试验成功，这四个基因成了诱导干细胞的"金钥匙"。

事情看起来似乎已经解决了，但生物学研究领域总是一波未平，一波又起，鲜有例外。原来，这四把"金钥匙"其实只是四小段基因片段，必须用某种载体作为运输工具才能把它们导入人的细胞核。山中伸弥选择了"反转录病毒"（Retrovirus）作为载体，高效率地完成了这个任务。但后续实验表明，这个载体很不老实，经常会在细胞核内到处乱跑，随机地插入到基因组当中。这可不是闹着玩的，万一插错了位置，就会导致细胞发生癌变。另外，这四把"金钥匙"本身也有问题，它们的功能太强大了，经常会做出一些不可预测的事情来，这也是科学家不希望看到的。

顺理成章，下一步就应该是想办法找出新的运输系统，代替"反转录病毒"作为载体。2008年有几名美国科学家用另一种相对安全的"腺病毒"（Adenovirus）来当载体，并在小鼠身上获得了成功。但这个方法效率实在太低，潜力有限。

下一个登场的是英国爱丁堡大学再生医学研究中心的木尾圭介（Keisuke Kaji）博士，他利用一种新发现的载体——PiggyBac转座子（简称PB）高效地完成了这项任务。这个转座子最先是在昆虫体内发现的，后来复旦大学生命科学院的许田博士和他领导的团队把这个PB转座子改装成了基因载体，并成功地把这项技术运用到了哺乳动物身上。这项成果可以说是近几年来中国本土科学家在生命科学领域取得的最耀眼的成绩。

木尾圭介虽然替换掉了那个爱惹事的"反转录病毒"，但他仍不满足。前面说过，那四把"金钥匙"本身也存在问题，如果能找出一种办法，当它们完成使命后就把它们清除出去，那才能算完美。可惜木尾圭介一直没能把这四把"金钥匙"百分之百地从体细胞中清除出去，直到他遇到了加拿大多伦多大学的安德拉斯·纳吉（Andras Nagy）博士。这个纳吉正好发明了一种方法，可以把导入的基因连同 PB 转座子载体完全地清除出去，一点痕迹也不留。

木尾圭介迅速从纳吉那里学会了这一技术，并运用到自己的实验中，终于诱导出了第一个完全不用病毒做载体，并且不留丝毫痕迹的人体多功能干细胞。这篇论文于 2009 年 3 月 1 日发表在世界著名的《自然》杂志网络版上，立刻在干细胞领域引发了地震。国际各大知名媒体争相报道了这项发现，似乎人类任意置换器官的时代即将到来。

不过，"多利羊之父"威尔穆特教授对这项成果表达了谨慎的乐观。他高度赞扬了这项实验的意义，但同时也警告说，人类干细胞研究距离临床使用尚有距离，比如，科学家们还没有找出一种办法能够把这些多功能干细胞转变成指定的细胞类型，这将是干细胞领域的下一个目标。

（2009.3.16）

令人迷惑的统计数据

医学报道中的统计数据往往有误导性，
人们必须学会辨别其中的猫腻。

50 岁以上的男人当中，有大约一半的人会得前列腺增生的毛病，主要症状为尿急、尿频，甚至会影响性生活。

1992 年，美国 FDA 批准了一种治疗前列腺增生的新药——非那雄胺（Finasteride）。这是由著名的默克（Merck）制药公司研发出来的一种 5α–还原酶抑制剂，商品名保列治（Proscar）。这种药能够抑制睾酮转化为双氢睾酮，两者都对前列腺的生长有刺激作用，但后者的生理活性比前者高三倍。

后来，医生们偶然发现服用该药能让谢顶的人重新长出头发，于是保列治摇身一变，成了保法止（Propecia）。这是题外话。

由于前列腺增生和前列腺癌有着千丝万缕的联系，美国国立癌症研究所出资 7300 万美元，于 1993 年开始进行一项大规模临床试验。该试验一共招募了 1.8882 万名 55 岁以上的健康男性志愿者，采用随机对照的办法，考察非那雄胺是否具有防止前列腺癌的功效。

据统计，前列腺癌在 55 岁以上的欧美男性中的发病率高达 10%！这个数字看上去非常高，但实际上并没有那么可怕。原来，前列腺癌的生长速度非常缓慢，对于很多患者的生活并不会产生很大影响。再加上患前列腺癌的大都是 60 岁以上的老年人，他们往往死于其他疾病，而不是前列腺癌。根据德国进行的一项调查显示，诊断出前列腺癌的病人患病五年后的死亡率仅为 1%，十年后为 5%，远比其他癌症要低。

当然，这个数字并不能说明前列腺癌不用重视。事实上，前列腺癌死亡率的下降与治疗手段的改进有很大关系。但是，化疗毕竟是很伤身体的一件事，而且会大大降低病人的生活质量，因此如何预防前列腺癌就被提到议事日程上来了。

上文提到的那个大规模随机对照试验本来计划于 2004 年 5 月完成，但在 2003 年 6 月就被提前中止了，因为主办方对结果进行的初步分析表明，非那雄胺可以把前列腺癌的发病率降低 24.8%。这可是一个不低的数字，可为什么非那雄胺当年没有大红大紫呢？原来，当科学家们对试验数据进行了进一步的分析后发现，非那雄胺虽然可以降低发病率，却会提高前列腺癌中最恶性的一类癌症的发病率。前面说过，前列腺癌的生长速度比较缓慢，但有一类癌细胞却长得很快，因此也就更加危险。服用非那雄胺的志愿者当中有

6.4% 的人得了这种恶性前列腺癌，服用安慰剂的志愿者当中却只有 5.1% 得了相同种类的癌症。别小看这 1.3% 的差别，这是最厉害的一种前列腺癌，真能杀人的。

于是，非那雄胺并没有如默克制药公司预期的那样成为明星，而是被 FDA 要求做进一步的研究。

不久前，这项研究终于得出了结果，非那雄胺被冤枉了。原来，医生鉴别肿瘤种类依靠的是穿刺取样。前列腺内的肿瘤是分成一个个小细胞团而存在的，前列腺越大，穿刺取样正好取到肿瘤细胞的可能性也就越小。非那雄胺已被证明能够缩小前列腺，假使恶性肿瘤的发病率是一样的，体积小的前列腺被采样到的可能性肯定比体积大的前列腺更高，这就是为什么会有 6.4% 和 5.1% 的差别。

由此可见，医疗数据必须考虑到各种可能发生的情况，否则就是不可靠的。

这条利好消息应该不会是制药厂玩的猫腻，因为非那雄胺的专利 2006 年就到期了。现在谁都可以生产廉价的非那雄胺，无须缴纳专利费。

那么，是不是每个中老年男性都应该吃非那雄胺呢？也不见得。加拿大多伦多大学附属医院的迈克·伊文思（Mike Evans）医生为我们算了一笔账：假如我们对 1000 名年纪超过 50 岁的男人进行一次为期七年的跟踪调查，那么根据目前的发病率，大约会有 59 人患上前列腺癌。假如这 1000 个人都吃非那雄胺，那么仍然会有 45 人患上前列腺癌，只有

14个人会因此得利。换句话说，每71个超过50岁的男人吃这种药，只会有1人得到好处。和前文的那个24.8%相比，1/71这个比例看上去就没那么吸引人了。想想看，这种药的副作用是性欲减退，乳房增大，以及每个月60美元的额外开支……

这个例子很有代表性，它揭示了制药公司是如何用统计数据误导民众的。那个24.8%是"相对疗效"，看上去很美。但"绝对疗效"却只是1/71，也就是1.4%，看上去就很一般了。如果这是一种治疗绝症的药物，可能还有某种吸引力。但非那雄胺只是一种预防性的药物，对于大多数健康人来说，要想用1.4%的好处劝人服药，恐怕就不那么容易了。中国男人的前列腺癌患病率近年来虽有上升，但仍然远比欧美男人要低，"绝对疗效"甚至不到1%。

最后再补充一点：预防前列腺癌需要的剂量是每天5毫克，治疗脱发需要的剂量仅为每天1毫克，两者相差5倍，没有可比性。

（2009.3.30）

永久抗生素

科学家正在研究一种不会产生抗药性的
永久抗生素。

　　滥用抗生素会让病菌产生抗药性，这已是老生常谈
了。那么，有没有可能发明出一种不会产生抗药性的抗生
素呢？

　　根据进化论的思想，细菌都会产生变异。如果抗生素没
有将某种病菌全部杀死，势必会有少量病菌因为基因突变而
产生抗药性。所以说，常规思路肯定是不行的，于是有人想
到了"噬菌体"（Bacteriophage）。这是一种细菌病毒，外面
是一层蛋白质外壳，里面包着遗传物质（DNA 或 RNA）。噬
菌体擅长在细菌的细胞壁上钻洞，把遗传物质注入细菌内，
利用细菌的细胞机器复制出大量新的噬菌体，它们瞅准时机
破茧而出，在杀死宿主的同时继续攻击周围的其他细菌。

　　这个治疗思路很像生态学领域里的"生物防治"，或者
也可叫作"以毒攻毒"。不光细菌会变异，噬菌体当然也会，
道高一尺魔高一丈嘛。此法借助大自然的力量解决人类的问
题，看似很巧妙，但却存在重大隐患。美国纽约大学医学中

心的两名科学家在 2009 年 1 月份出版的《科学》(*Science*)杂志上发表论文指出，噬菌体会让来自不同菌株的遗传物质发生交换，这就意味着某菌株内的抗药性因子能够在噬菌体的帮助下进行种间传递，反而加快了抗药性在微生物界的扩散。

看来生物防治是行不通的。不过，这个实验却提醒我们，要想更好地对付病菌，必须首先切断它们之间的联系。

科学家们早就知道，细菌不是独行侠。正因为细菌个头小，力量单薄，所以它们更喜欢集团作战。比如，为了抵抗宿主免疫系统的攻击，有些细菌会分泌细菌毒素，杀死前来攻击的免疫细胞；有的细菌会分泌藻酸盐多糖，形成一层具有保护作用的膜状物；有的细菌会分泌特殊的蛋白质，溶解宿主的保护层细胞，便于入侵……这些都是细菌特有的秘密武器，但如果单个细菌贸然拿出这些武器，势必遭到宿主免疫系统的毁灭性打击，其结果就会适得其反。细菌们必须等到合适的时机，也就是当自己的数量达到某个阈值的时候，才会突然发力，合力攻击。

问题是，细菌是没有领导的，没有哪个细菌能对其他细菌发号施令。细菌们实行的是一种非常民主的政策，即通过互相传递化学信号，共同决定何时采取行动。这一现象被称为"群体感应"(Quorum Sensing)，其中 Quorum 这个词的原意是指开会表决时参加会议的最少人数，达不到这个法定人数，任何表决都没法进行。细菌也是一样，它们能够通过某种化学机制，感应出周围到底有多少自己的同伴，数量是否达到了开始行动的最低限。

群体感应看似很神秘，其实原理并不复杂。原来，每个细菌都会不断地向周围环境中释放某种化学小分子，宣告自己的存在。这种小分子学名叫作"自诱导物"（Autoinducer），而每个细菌的表面都有专门针对它的接受器官，学名叫"受体"。如果周围环境中的细菌数量多了，自诱导物的浓度便会增加。细菌表面受体能够感知到自诱导物浓度的变化，一旦达到某个阈值，便会触发细菌内部开始一系列化学反应，开动机器生产武器，向宿主发动总攻。

事实上，绝大部分致病细菌在拿出撒手铜之前，对宿主的危害都是很小的。医学界用"毒力"（Virulence）这个词来描述致病细菌的危害性，"毒力"的大小取决于"毒力因子"（Virulence Factor）的多寡，"毒力因子"就是前文所说的细菌毒素、保护膜和细菌蛋白质等等这些特殊武器，它们的产量完全由群体感应来控制。

美国艾伯特·爱因斯坦医学院的教授佛恩·施拉姆（Vern Schramm）想出了一个干扰细菌群体感应的法子。他以霍乱弧菌和大肠杆菌为研究对象，发现这两种细菌的自诱导物都需要一种名叫 MTAN 的酶才能被生产出来。他利用计算机设计出一种小分子化合物，能和 MTAN 牢固地结合在一起。结合了小分子化合物的 MTAN 失去了催化的功能，自诱导物便没法被合成了。当他把这种小分子化合物加到细菌培养液中后发现，细菌之间的通讯被切断，群体感应失效，细菌们表现得像一群无头苍蝇，再也不会团结起来对宿主发起攻击了。

施拉姆和他的研究小组目前已经发现了 20 种这样的小分子化合物，它们都只对细菌有作用，对人体无害。

这篇论文发表在 2009 年 3 月出版的《自然》杂志生物化学分册上。生物学界对此很是兴奋，因为施拉姆发现的这群小分子化合物是永久抗生素的"最佳人选"。和普通抗生素不同的是，这些小分子化合物只是切断了细菌之间的通讯联系，降低病菌的"毒力"，并不直接杀死细菌，因此也就不会让细菌产生抗药性。施拉姆在霍乱弧菌和大肠杆菌中进行的实验显示，这两种病菌在培养了 25 代后对小分子化合物的敏感性和第一代一样高，这说明两种病菌都没有产生抗药性。

永久抗生素的发现颇有些哲学意味，因为它采用了一种和敌人和平共处的办法。这样一来，病菌便失去了进化的动力，再也无法产生抗药性了。

（2009.4.27）

被夸大的创伤

夸大灾难带来的心理创伤，会让受害者
背上更沉重的心理包袱。

地震、海啸、飓风、战争等等这些天灾人祸往往会给当
事人带来巨大的心理创伤，这是客观存在的事实。所以说，
必要的心理疏导是必需的，但也不能做过头，否则就会适得
其反。

心理疏导是个很专业的工作，绝不是随便找个好心肠的
志愿者就能胜任的。心理学家把经历过重大伤害事件后产
生的心理不适叫作"创伤后心理压力紧张综合征"（PTSD），
这个概念最早于 20 世纪 70 年代被提出，美国精神病学协会
于 1980 年出版的《精神疾病诊断与评估手册》（第三版）对
PTSD 的诊断标准做出了严格规定，1994 年出版的《手册》
第四版又对该标准做了补充。目前西方心理学界普遍采用第
四版的诊断标准。

按照这个标准，PTSD 患者必须是亲身经历过能致人死
命或者造成严重身体伤害的重大创伤，而且确实感到过恐惧
或者无助。患者的表现分为三大类，其一是不断在梦中或者

闪回（Flashback）过程中重温灾难时的场景；其二是精神麻木，刻意回避任何能够联想到灾难的事情；其三是精神过度亢奋，表现为失眠、易怒、精力无法集中等。

这个诊断标准已经实行了 15 年，但最近几年争议不断。以美国哈佛大学精神病学教授理查德·迈克纳里（Richard McNally）为代表的一批精神病学家指责这个标准太过宽泛，把很多原本没有得这种病的人都包括了进来。2009 年 4 月出版的《科学美国人》杂志发表文章，通过大量案例对这个标准提出了质疑。

西方精神病学界对 PTSD 的研究多半集中在退伍老兵身上，不但因为这批人大都经历过相同的创伤，适合作为研究对象，而且因为退伍老兵一旦被确诊为 PTSD，就能从政府得到一大笔赔偿金，所以 PTSD 的诊断标准直接关系到政府的财政支出。美国政府于 1990 年对 1000 名"越战"老兵进行过一次调查，发现有 15.4% 的人正处于 PTSD 中，而得过这种病的人更是高达 31%。这个 31% 的数据在很长一段时间里被公认为是 PTSD 的平均发病率。

但是，美国哥伦比亚大学心理学家布鲁斯·多仁温德（Bruce Dohrenwend）于 2006 年重新研究了当时留下来的原始数据，发现 PTSD 的发病率只有 18%。迈克纳里在多仁温德的基础上又把那些症状轻微、不需要治疗的病人剔出去，得出的结果是 11%。也就是说，PTSD 真实发病率只有公认数据的 1/3。

"原来的定义太过宽泛，很多和创伤不相关的精神疾病也被纳入到 PTSD 里了。"迈克纳里教授评价说。

　　比如，按照严格定义，PTSD 患者会在头脑中不断重温灾难时的场景。但迈克纳里认为，很多人重温的并不是真实的灾难，而是虚构出来的创伤。换句话说，他们的记忆力出了问题，患上了妄想症。曾经有人对 59 名参加过"海湾战争"的老兵进行过调查，在他们回国后的第一个月内问了他们 19 个问题，涉及战争中可能出现的 19 种创伤类型（比如看到过死人、同伴被杀等等）。两年后，再对这 59 名老兵问出同样的问题，结果发现其中有 70% 的老兵在自己的履历上至少多加了一条创伤，其中更是有 24% 的老兵多加了三条以上，而这些人正是被诊断出 PTSD 比例最高的。迈克纳里认为，这个调查说明，很多经历过创伤的人会不自觉地夸大自己的经历，他们的精神障碍源于臆想，和 PTSD 有本质上的不同。

　　早在 20 世纪 90 年代，美国华盛顿大学心理学教授伊丽莎白·洛夫塔斯（Elizabeth Loftus）就曾通过一系列设计精巧的实验，证明即使是一个成年人也会不自觉地接受来自外部的暗示，从而改变自己的记忆。

　　别小看这种诊断失误，它直接影响了治疗方案的效果。对于真正的 PTSD 患者，治疗目的就是改变他们对灾难事件的反应，这就要求治疗师引导病人回忆灾难的细节，并在这种不断的回忆中修正病人对灾难的认识。很多得了抑郁症的病人表现出和 PTSD 非常相似的症状，但病因却正好相反。他们误解了这个世界，虚构出很多子虚乌有的矛盾和困难，并沉浸于其中不能释怀。对待这种病人就必须改变他们头脑中的思维恶性循环，斩断他们和灾难的联系，让他们认识到问题出于他们自己的臆想，真实世界并没有他们想象的那么不堪。

根据一位亲自参加过心理干预的医生统计，所有那些基于 PTSD 的治疗方案对老兵们的治疗效果十分有限，治愈率和老兵们依靠自身努力得到康复的概率没有任何区别。

"我们这个社会对心理创伤有种奇特的偏好，这是有政治目的的。"迈克纳里认为，"媒体喜欢报道这样的故事，好让公众意识到战争对参战双方都会带来伤害，所以是不正义的。"但是，医学界对 PTSD 的过度诊断却给受害者带来了很大的精神压力，让他们觉得自己真的得了一种很难治的病。迈克纳里相信，正确的做法是帮助病人正视灾难，意识到灾难是一种很难避免的人生经历，鼓励他们依靠自身的力量从困境中摆脱出来。

（2009.5.4）

基因敲除法

因为"基因敲除法"功能强大，诺奖委
员会把 2007 年的医学或生理学奖授予了
卡佩奇、史密斯和埃文斯三人。

这是 21 世纪该奖第三次授予一项工具性的研究。2003
年是核磁共振，2006 年是 RNA 干扰。和"基因敲除"类似，
RNA 干扰也能作为研究基因功能的绝佳工具。

五十多年前，美国科学家约舒亚·莱德伯格（Joshua
Lederberg）发现了基因的"同源重组"（Homologous
Recombination）现象，因为这个发现获得了 1958 年的诺贝
尔医学或生理学奖。这一现象说起来很简单，大多数高等生
物的细胞内含有两套染色体，一套来自父亲，一套来自母
亲。这两套遗传系统绝大部分都是一样的，只在少数几个地
方有所不同。莱德伯格发现，来自父亲的某段染色体会和来
自母亲的对应片段发生互换，这就好比两个双胞胎兄弟互相
交换了一只手一样。

"同源重组"是生物界非常普遍的现象，从酵母到哺乳
动物都会这么做。广义上讲，"同源重组"是生物体增加变
异程度的好方法，在进化上非常有用。从狭义上看，"同源

重组"是细胞修复坏基因的办法。比如，来自父亲的 A 基因坏了，该细胞只要从来自母亲的染色体上把相应的 a 基因复制下来，通过"同源重组"的办法和坏了的那个 A 基因交换一下，就可以完成修复。因为 A 和 a 非常相似，所以交换过后对该细胞不会有太大的影响。

上世纪 80 年代初，美国犹他大学的马里奥·卡佩奇（Mario Capecchi）博士突发奇想，觉得可以把"同源重组"作为工具，对染色体上的基因加以改造。具体做法是：先用靶细胞的某段 DNA 作为模板，在实验室里制作一段"同源"的 DNA，然后把它导入细胞，诱导细胞的染色体和这段 DNA 发生"同源重组"。这样一来，外来的 DNA 就可以准确地整合进细胞的染色体内，代替原来那段基因。

假设科学家在合成"同源" DNA 时做点手脚，改变某个关键的顺序，被修改后 DNA 仍然可以和细胞发生"同源重组"，但整合进细胞中的外源 DNA 却是坏的，无法正常工作。这样一来，这个基因就被人为地"敲除"（Knockout）了。经过大量实验，卡佩奇证明这个方法是可行的，人工引入的 DNA 片段确实可以和细胞原有的染色体发生"同源重组"。

几乎与此同时，美国北卡罗来纳大学的奥利弗·史密斯（Oliver Smithies）博士也在进行类似的实验。史密斯的目标是利用基因疗法治疗遗传病，某些遗传性血液病的病因是血红细胞基因变异，史密斯设想利用"同源重组"把正确基因导入到骨髓造血细胞中，修改其错误。如果成功，病人就能依靠被修复的造血细胞生产健康的血红细胞，病就治好了。

史密斯在实验中发现，哺乳动物细胞中的任何一段基因都有可能发生"同源重组"，即使这段基因处于休眠状态也是如此。这个发现意味着，哺乳动物的任何一段基因都有可能被人为地加以修改。

西医最遭人诟病的一条就是缺乏整体观。可是，事实上，现代生物学并不缺乏整体观，只是根据现状，要想进行可控的整体研究，还有很多困难需要克服。

比如，虽然卡佩奇和史密斯两人找到了"定点改变任意基因"（英文叫 Gene Targeting，基因靶向或基因打靶）的方法，但是他俩只能做到改变单个细胞内的基因。要想研究某个基因对于整个生命体的作用，就必须把该个体所有细胞中存在的该基因全部"敲除"，这可就难了。当年卡佩奇曾经向美国国立卫生研究院（NIH）申请研究基金，把这个方法用于哺乳动物，结果被 NIH 严词拒绝。

但是卡佩奇没有放弃，他偷偷挪用了自己从别的课题申请到的钱，用来资助这项研究，几年后他终于证明这个思路是可行的。与此同时，史密斯也独立地证明了这一点。只不过两人都承认，他们采用的方法效率太低，不大可能有什么实际的用途。

原来，要想把一只小鼠体内某个基因的所有拷贝全部"敲除"，只能从受精卵开始。可是，两人试验了多次都没能提高"同源重组"的效率，做一次这样的试验可能需要成千上万个受精卵，所以当时科学界都认为这个方法在哺乳动物身上是行不通的。

天无绝人之路。正像前文所说的那样，一旦生物学家需要找到某样工具，都会习惯性地把目光转向生命本身，这一次他们又找对了。

同样在上世纪 80 年代初期，英国卡迪夫大学（Cardiff University）的马丁·埃文斯（Martin Evans）博士偶然发现，小鼠受精卵发育到 3.5 天的时候，会形成一个名叫"囊胚"（Blastocyst，也有人翻译成"胚泡"）的小细胞团，其外层是一圈由扁平细胞组成的"滋养层"，保护着囊胚内的一小团特殊的细胞——"内细胞团"（Inner Cell Mass）。这几十个细胞都是未分化的干细胞，每个细胞都能发育成几乎所有的组织和器官，所以科学家们把这些细胞叫作"胚胎干细胞"（Embryonic Stem Cells）。

埃文斯并不是第一个发现这群细胞的人，但他却是世界上第一个在实验室条件下成功地繁殖胚胎干细胞的人。具体说，他发现，只要模仿"囊胚"中的微环境，在培养皿底部铺上一层不会分裂的细胞作为"滋养层"，就能让培养皿中的干细胞无限繁殖下去，同时又完整地保留干细胞的"全能"特性。于是，埃文斯为"基因靶向"技术提供了足够多的靶细胞。从此，卡佩奇和史密斯博士再也不必担心"同源重组"的效率问题，他俩所要做的只是在人工合成 DNA 的时候偷偷塞进一个小小的"标记基因"（比如某个抗药性基因），然后把 DNA 导入培养的干细胞内，进行"同源重组"。这一过程的效率再低也没关系，如果每 100 万个细胞才能发生一次，那就用 100 万个干细胞好了，反正细胞有的是。之后，只要把抗生素加进培养皿中，杀死那些没有发生"同源重组"的干细胞，剩下的都是按照科学家的设计而被改变了的干细胞。

只需得到一个"同源重组"干细胞就足够了，剩下来的工作就是把这个细胞进行繁殖，然后重新植入小鼠的囊胚中，再把囊胚植入一只小鼠的子宫里，就能生出一批带有一部分这种特殊细胞的成年小鼠。如果被改变的那个干细胞正巧变成了生殖细胞，就说明这只小鼠的所有精子（或卵子）都被改变了。接下来只要再进行几次选择性的交配，就能生出一批从头到脚所有细胞都被改变了的小鼠。

1989 年，卡佩奇和史密斯发表论文，报告了世界上第一只依靠"基因敲除"法得到的小鼠。全世界所有的生物学家们立刻意识到这个方法将给哺乳动物遗传学研究带来一个质的飞跃。

比如，你想研究一下 A 基因是如何致癌的吗？以前人们只知道这个基因能使 B 分子水平升高，但小鼠为什么因此而得癌症，谁也说不清。现在好了，只要把 A 基因"敲除"掉，然后观察没有该基因的小鼠体内发生了哪些变化，哪些分子的水平升高了，哪些细胞受到了影响……就行了。

这个方法让科学家们第一次能够在整体的水平上研究基

因的功能。

自那时开始，全世界的实验室一共培养了超过1.1万种"基因敲除小鼠"，也就是说，有超过1.1万种基因被定点地去掉了。这个数字大约相当于哺乳动物整个基因数量的一半。从此以后，如果科学家想研究一下小鼠的某个基因的功能，只要调出这个品系的小鼠，和正常小鼠比较一下就可以了。

目前科学家们正在致力于敲除剩下的一半基因，然后做成一个小鼠基因库，把哺乳动物所有的基因都包括进来。到那时，任何一个基因都可以很方便地进行研究了。

小鼠和人的亲缘很近，很多疾病的病理都是相似的，因此这些"基因敲除小鼠"可以作为人类疾病的"模型动物"，通过研究它们的发病机理，找出治疗方法。

有人也许会问：万一"敲除"掉的是一个对生命十分重要的基因怎么办？小鼠不就活不成了吗？确实，有一部分基因对生命十分关键，是不能缺失的。为此科学家们发明了一种办法，可以让这些基因在小鼠成年之后再失去活性。事实上，目前"基因敲除小鼠"可以有很多种不同类型。比如，科学家可以让基因只在特定的组织内失去活性，或者让一个以上的基因同时失去活性（有些疾病需要两种基因同时失效），甚至可以反其道而行之，人为添加某个基因到小鼠身体里去，从而研究这种基因的功能（这种方法叫作"敲进"〔Knock-in〕）。

总之，任何一种与基因有关的疾病理论上都可以用"基因敲除小鼠"作为模型加以研究，"基因定点敲除"的方法只要稍加改造，就可以用来治疗人类的很多遗传性疾病。

目前，全世界的科学家已经建立了超过 500 个人类疾病的小鼠模型，从心血管疾病到癌症，应有尽有。有了这些模型，医生们就可以方便地研究这些疾病的病因和治疗方法。"（基因敲除法）彻底改变了生物学研究的面貌。"剑桥大学桑格研究所的所长艾伦·布拉德利（Allan Bradley）在评价"基因敲除法"时说。

值得一提的是，卡佩奇和史密斯分别出生于意大利和英国，现在都已经加入了美国籍。美国作为全世界生物学研究的中心地位，再一次得到了诺贝尔奖委员会的肯定。另外，21 世纪已有的八次诺贝尔医学或生理学奖全部都由多名获奖者分享，显示这一领域的合作达到了前所未有的高度。要知道，该奖在上世纪 20 年代只有两次是多人获奖，到了 50 年代，多人获奖的情况增加到了四次，从 1960 年开始直到现在，一共 48 届诺贝尔奖，只有六次是单人独享奖金。

需要指出的是，"基因敲除法"并不是完美无缺的，很多地方有待改进。比如小鼠和人并不完全一样，有时不能照搬从小鼠身上得到的经验。但是，这项研究目前最大的困难在于人们对胚胎干细胞的怀疑态度，这种态度大多出自宗教人士对干细胞伦理的质疑。

（2007.10.22）

放血疗法沉浮记

血是宝贵的，因为贫血造成的麻烦并不
比血太多的更少。

　　"我最近总嗜睡，精神不好，有办法吗？"问话的是一
个三十多岁的男人，身材极瘦，面容有些憔悴。

　　"你这是肝胆消化不良。"理疗师把脉后，肯定地回答，
"先放放血，再扎几针试试。"

　　这段对话发生在北京一家私人中医理疗所，理疗师是中
医大学的老师。后来她真的给这位年轻人抽了一针管血，虽
然他自称身患贫血症。

　　中医确实有放血疗法这么一说，但老中医讲究点穴放
血，每次只放几滴。可这位医生用西医的注射器，从病人静
脉里抽取了 20 毫升血液，完全是西医的做法。

柳叶刀、水蛭和剃头师傅

　　人类最早有记录的主动放血，大约是在公元前 2500 年
前，古埃及一座古墓里有一幅壁画，画的是一个人被放血的

场景。不过那时缺乏文字记载，不知道放血是为了治病还是某种宗教仪式的一部分。

到了4世纪，古希腊出了个高人希波克拉底，发明了"四体液说"，分别是血液、黏液、黄胆汁和黑胆汁。他认为这四种体液相互作用，构成整体，如果体液失去平衡，人就会生病。只要恢复这个平衡病就好了，平衡体液的办法包括呕吐、排汗、通便或放血等。

希波克拉底第一次否认人类疾病和神的惩罚有关，而与环境、饮食或生活习惯相关，这一革命性的见解为他赢得了"医学之父"的称号。但是，真正统治欧洲一千多年的医学大腕是晚他四五百年的古希腊医师盖伦，他通过动物解剖纠正了一些前人的错误，比如他证明血管里流动的是血液而不是空气。但他的大部分解剖学理论都是不正确的，比如，他坚持认为血液是在肝脏内制造的。

盖伦发明了一种新理论——"活力论"，认为血液不但输送养分，而且为人体提供一种神秘的"活力"，生病就是因为这种活力太多所造成。因为这个错误理论，盖伦坚定地支持放血疗法，并利用自己的影响力让此法迅速普及到整个欧洲。有趣的是，盖伦本人不信教，但因为这个"活力论"听起来和基督教很相似，获得了教会的全力支持。于是，在很长一段时间里，医生们几乎都会给所有病人开一个"放血"的药方，无论是发烧感冒，还是肺炎心脏病，甚至头疼或者抑郁症，都一放了之。

那时候，针筒注射器还没有被发明，放血用一种特制的双面小刀，形如柳叶。医生们就用这种刀顺着静脉走向（否则就会把血管割断）割破血管，让血顺着胳膊流进一种特制的容器里。古代欧洲很多家庭都会自备这种容器，它甚至成为欧洲人的传家宝，就像我们会保留祖先遗留下来的金银首饰一样。有一件事可以说明放血疗法在古代欧洲的流行程度：放血用的柳叶刀成了医生的标志，著名的英国医学杂志《柳叶刀》的名字就源于此。

那时的医生还负责查看星象，以决定放血的最佳时机。放血位置也很有讲究，古希腊人流行同侧放血，这项技术传到阿拉伯世界后，当地医生结合本民族人体理论，决定施行异侧放血，比如病人左肩疼，就割右臂。还有的医生经研究后认为，放血的位置应该更具体，比如一根手指对应一种器官，不能割错。后来竟发展到鼻孔、嘴唇、牙龈甚至子宫口等都被看作是治疗某种病的专用"穴位"。这些地方柳叶刀不好操作，于是吸血的水蛭就被请了出来。仅 1833 年，法国就进口了 4150 万条水蛭，可见当时的欧洲对这种"医疗器械"的需求量之大。事实上，英文的水蛭（Leech）这个词就源于古语"治疗"（Loece）一词，而中世纪的医生们干脆把自己叫 Leech。

再后来，放血变成欧洲民众养生健身的办法，许多健康人每年都要放几次血，就像中国人定期进补一样。有人曾在苏格兰的一座古老的寺庙旁边发现了一个倾倒废弃鲜血的大坑，据估计里面的血足有 15 万升之多！原来那座寺庙里的僧侣们每年都要定期互相放几次血，竟然成了一个传统。

既然这么多人喜欢放血疗法，医生就不够用了。理发师们适时站出来填补空白，也顺便给自己增加了一项赚钱的门路。他们在理发店门口打出广告，用一根圆柱形的棍子，上面缠着红色布条。棍子是在胳膊上放血时顾客用来握住的东西，红色布条显然指蘸血的绷带，被风吹得缠在了圆柱上。早期的理发店还会在棍子上放一个铜盆，那是用来养水蛭的池子。

为什么是理发师来为大众放血呢？因为他们手里正好有把剃头刀！

那么，放血疗法到底有没有用？古代医生们认为有用。那时的医生不能算是巫医，他们打心眼里相信放血疗法，自己生病也会让同行替自己放血。可惜的是，当时的医学理论大都不正确，甚至连正常人体内究竟有多少血都不知道，经常会把病人折腾得昏迷过去。美国第一任总统乔治·华盛顿有一天突感喉咙不适，医生竟然在半天里为他放掉了 3.7 升血，相当于他体内血液总量的一半以上，难怪华盛顿当晚就去世了。

除理论错误外，古代医生们也没有掌握科学的研究方法，尤其对医学统计学一窍不通。他们往往对实施放血疗法后病愈的人记忆深刻，却忽略了放血无效或病情反而加重的病人，所以他们不可能得出正确的结论。直到 19 世纪初期，法国有个名叫路易斯的医生开始用统计学方法记录放血疗效，终于发现这种方法的作用非常有限。再后来，随着细菌理论的出现，医生们终于意识到很多疾病是由细菌引起的，和"体液平衡"没多大关系，放血疗法这才寿终正寝。

但是，一个至少施行了两千五百多年的治疗方法，难道就一点可取之处都没有吗？

铁元素、巨噬细胞和血色素沉着症

阿伦·格登是个长跑爱好者，征服了马拉松后觉得不过瘾，又准备参加长达 241 公里的"横穿撒哈拉沙漠马拉松赛"（Marathon Des Sables）。可是，就在准备比赛期间，他逐渐感到身体出了毛病，特别容易疲倦，膝盖疼，心跳也有些不规律。他去看了几个医生，说法不一。治了三年，病情一直不见好转。终于，一家医院经过详细化验做出了诊断：他得了血色素沉着症（Hemochromatosis），如果不治，只能再活五年。

简单说，这种病就是血液中的铁元素含量过高。正常人体内都有一个精密的平衡系统，一旦铁元素过量，小肠就会停止从食物中吸收铁。可是，得了血色素沉着症的病人却丧失了平衡能力，于是过量的铁就在身体内到处堆积，对关节和脏器造成伤害，最终会因心脏衰竭而死亡。

这种病早在 1865 年就出现在医学文献中，却直到 1996

年科学家才终于找到了引发的基因。这个位于第 6 号染色体上的基因被命名为 HFE，该基因对应的蛋白质能与人体细胞表面的转铁蛋白（Transferrin）受体结合，从而影响到铁元素在身体里的正常代谢过程。

治这种病最简单的办法就是定期放血。众所周知，血液中含有大量的血红蛋白，此蛋白之所以呈红色，就是因为它结合了血红素（Heme）。血红素是一种非蛋白质的铁卟啉组分，作为血红蛋白的辅基，血红素参与了生物体中氧的传递和氧化还原作用。每个血红素分子都包容了一个铁原子，正因为这个铁原子，才使血红素呈现红色。

通过定期放血，格登体内多余的铁原子终于被逐渐排出体外。2006 年 4 月，他跑完了"沙漠马拉松赛"，而这已经是他第二次参加这个赛事了。

格登的病绝不是偶然。事实上，大约有 1/8 的欧洲人带有 HFE 基因，纯西欧人种中这个比例甚至高达 25% 以上，是西欧人基因组中最常见的遗传病基因。幸好这是一种隐性遗传病，病人需要同时有两个 HFE 拷贝才会发病。据统计，大约每二百个欧洲人中就有一个血色素沉着症的受害者。女性病人发病较晚，因为每月一次的失血让她们排出了一定量的铁，她们的病情往往要等到绝经后才会显现出来。

为什么这样一个"坏基因"没有被自然选择所淘汰呢？以前的理论认为，这个基因来自于维京人，他们生活在寒冷的北欧，那里缺乏营养，铁的摄取量严重不足，于是这个基因就有了优势。但是这个假说无法解释为什么 HFE 基因在世界其他一些缺乏铁元素的地区却并不那么流行。

加拿大生物学家沙龙·莫兰（Sharon Moalem）在他刚出版的一本名为《病者生存》（*Survival of the Sickest*）的书中给出了答案。故事还要从欧洲历史上那次最严重的瘟疫说起。1347 年，欧洲爆发腺鼠疫（Bubonic Plague），有将近 1/3 的欧洲人被这种厉害的耶尔森杆菌（Yersinia pestis）所杀。有人猜测，血色素沉着症有可能与这种病有关。经研究发现，血色素沉着症病人体内的巨噬细胞（Microphage，一种免疫细胞，属于免疫系统的第一道防线）杀细菌的能力远强于正常人，这一发现比较合理地解释了 HFE 基因在欧洲如此流行的真正原因。

原来，血色素沉着症患者体内虽然含有过多的铁，但他们血液中的巨噬细胞却意外地不含铁。绝大部分细菌都需要铁元素，可当这种没有铁的巨噬细胞把外来细菌包围后，细菌们就会因为找不到铁而死亡。与此相反，正常人体内的巨噬细胞含有大量的铁，反而给细菌们提供了丰富营养。耶尔森杆菌对抗巨噬细胞攻击的能力非常强，能躲在巨噬细胞所营造的"特洛伊木马"里，进入淋巴结，然后从这里迅速传遍全身。

如果这个理论是正确的，那么体内铁含量高的人的死亡率就应该更高，这个假说得到了事实验证。据统计，这场鼠疫中死亡率最高的群体就是中青年男性，他们的营养状况普遍较好，体内的铁含量比妇女和老弱病残要高很多。

正是这场瘟疫，给了血色素沉着症患者一个不小的生存优势，他们用一种通常在老年时才会犯的病，换来了对鼠疫病菌的抵抗力，这个交易明显是划算的。

这个例子启发了不少人开始重视铁元素在抵抗病菌中的作用。科学家早就知道，细菌的生存离不开铁，凡是铁含量丰富的地方必定有大量细菌生长。北大西洋的海水之所以比大部分太平洋的海水要混浊，就是因为北大西洋上空经常会有来自撒哈拉沙漠的灰尘飘过，把铁元素沉降在海水里，给细菌生长提供了粮食。有人根据这个理论设计了一个对抗全球变暖的办法：向海水中倾倒铁，让那些能进行光合作用的细菌大量生长！

人体的免疫系统似乎也知道这个窍门。凡是缺乏皮肤保护的地方，比如鼻孔、眼睛、嘴巴和生殖器内，都能找到大量的螯合剂（Chelator），它们能和铁元素紧密结合，防止铁被细菌所利用。母乳中也含有大量的乳铁蛋白（Lactoferrin，一种铁螯合剂），人初乳中每升含有高达 2000 毫克的乳铁蛋白，相比之下，一般鲜牛奶中只有 150 毫克，这就是提倡母乳喂养的重要原因。

这个理论还可以很好地解释一个民间偏方。不少民族都有用鸡蛋清涂抹伤口预防感染的方子，鸡蛋清中含有大量的螯合剂，这就是为什么鸡蛋不会变质的原因。要知道，为了让小鸡能呼吸到新鲜空气，鸡蛋壳里有很多小孔，细菌可以自由出入。

那么，这个"铁理论"是否能解释放血疗法的有效性呢？莫兰认为是可以的。放血减少了人体中铁元素的含量，这就等于减少了细菌的粮食。这个解释曾被一个名叫约翰·穆雷的医生间接地证明过。他去索马里难民营做志愿者，发现那里的人因为营养不良，普遍患上了贫血症。他给一部分难民提供铁补剂，试图缓解贫血，结果这些人的感染率大幅上升。

同样，一个在新西兰毛利族当志愿医生的人也发现了这个问题。他为毛利族的新生儿注射铁补剂，结果这些新生儿遭细菌感染的比率上升了七倍。

通过分析这些实验数据，莫兰提出了一个猜想：也许放血疗法确实能在某种程度上抵抗一部分细菌感染，这就是人类放了那么多年血的原因。但是，正因为我们了解了这里的机理，发明了更有效的抗菌剂（比如抗生素），人类这才名正言顺地摆脱了被放血的命运。毕竟，血是一种宝贵的东西，因为贫血而造成的麻烦一点也不比血太多的麻烦少。

在西医界，除了一部分高血压和肺水肿，以及血色素沉着症等少数疾病以外，放血疗法已经被彻底抛弃了。

（2007.10.15）

同一个世界，同一个基因库

病毒，让全世界所有的生物在基因层面
上得到了统一。

发现神秘病毒

1992 年，英国布拉德福德（Bradford）地区爆发了肺
炎。一位名叫蒂莫西·罗勃坦姆（Timothy Rowbotham）的病
理学家试图找出病原体，结果在当地一个冷却水塔里发现了
一种寄生在阿米巴原虫里的神秘微生物。从显微镜下看，这
种微生物的体形很大，因此他想当然地认为这是一种细菌。
可惜他尝试了很多次也没能搞清它的来历，只好作罢，但他
小心地把样本保存了下来。

1998 年，这批微生物样品被送到法国地中海大学的生
物学家伯纳德·拉斯科拉（Bernard La Scola）手里。拉斯科
拉对其进行了革兰氏染色，发现其呈阳性。根据这一结果，
拉斯科拉更加相信这是一种细菌。细菌专家都知道，要想知
道某种细菌的分类地位，最好的办法就是分析它的核糖体
RNA。可是，拉斯科拉竟然发现这种微生物体内没有核糖体

RNA！要知道，核糖体 RNA 是合成蛋白质所必需的，没有核糖体 RNA 就意味着这种细菌不能自己合成蛋白质，世界上还没有哪种细菌是不能自己合成蛋白质的。

怎么办？走投无路的拉斯科拉决定借助电子显微镜看一看它的真面目。结果更是让他百思不得其解。这种微生物一点也不像细菌，其外壳是规则的二十面体，更像病毒的结晶颗粒。问题是，已知的绝大部分病毒直径通常只有 100 纳米左右，但是这种微生物的直径竟然是 500 纳米。如果算上外壳上的绒毛的话，更是高达 750 纳米！

在此之前，体形的大小是区分病毒和细菌的一项可靠指标，人类发现的第一个病毒就是通过这个方法鉴别出来的。19 世纪末期，有人发现烟草花叶病可以传染，但传染因子始终未能找到。1884 年，有人发明了一种孔径极小的陶瓷过滤器，能把细菌挡在外面。俄国科学家德米特里·伊万诺夫斯基（Dimitri Ivanovski）用这种过滤器把得病的烟草叶的提取物进行过滤，结果过滤物仍具有传染性。这个实验证明传染因子不是细菌。1935 年，美国科学家温德尔·斯坦利（Wendell Stanley）把提纯后的过滤液制成了结晶体，发现它才是真正的传染因子。就这样，烟草花叶病毒被发现了，斯坦利还因此获得了 1946 年的诺贝尔化学奖。

请注意，斯坦利得的是化学奖而不是生理学奖，因为当时的科学家们都认为病毒不算生命，而是介于生命和非生命之间的灰色地带。在电子显微镜下看，烟草花叶病毒很像一根棍子，长约 300 纳米，直径只有 18 纳米。棍子的表面是一层蛋白质外壳，里面包裹着一个长度为 6390 个碱基的链状 RNA 分子，仅此而已。

　　正因为神秘微生物体积过于巨大，以至于当拉斯科拉猜测它是病毒时，遭到了很多同行的质疑，他投给《自然》杂志的论文也被退了回来。第二年，他发现这种微生物含有几个病毒特有的基因序列，这是个比较有说服力的证据，这才说服《科学》杂志于 2003 年刊登了一则简讯，并把这种神秘微生物正式命名为"巨型病毒"（Mimivirus，或者译作"拟菌病毒"）。

　　2004 年底，拉斯科拉测出了巨型病毒的全部基因序列，发现它含有 120 万个碱基，一共组成了 911 个基因。相比之下，大家熟悉的艾滋病病毒只有 9749 个碱基，组成了 9 个基因而已，而丁型肝炎病毒甚至只有一个基因！更奇怪的是，巨型病毒基因组中竟然含有很多新陈代谢所必需的基因，以及负责 DNA 修复和蛋白质折叠等复杂功能的基因。

　　一个没有生命的病毒为什么会含有那么多看似无用的基因呢？要想明白这一点，让我们先从病毒的定义说起。

细胞核的祖先？

　　病毒（Virus）的词根来源于拉丁文，意为"毒药"。从前人们认为病毒是一种可导致宿主生病的寄生虫。现在这个

"寄生虫"的定义仍然有效，但是病毒不再被认为只能致病了，而是一种广泛存在于自然环境中的独特的生命形式，其中绝大部分都是中性的，对宿主没有害处。

病毒不但无处不在，而且数量巨大。科学家曾经分析了从巴伦支海中取出的 1 毫升海水，发现里面含有 6 万个病毒颗粒。德国普鲁西湖中的 1 毫升湖水中则含有 2.54 亿个病毒颗粒！"如果把地球上所有的病毒首尾相连排成一排，总长度大约是 200 万光年。"美国匹兹堡大学教授格拉姆·哈特福（Graham Hatfull）说："生命世界主要是由病毒组成的，无论从总量还是从遗传多样性上来讲，它们都是冠军。"

有人估计，地球上的病毒种类大约有一亿种。目前已经测出的病毒基因组中大约有 80% 的基因序列为病毒所独有，这一事实挑战了科学界对于病毒起源的传统认识。人们曾经认为，既然病毒是不能独立生活的寄生虫，那么它们只可能在高等生命（细胞）进化出来之后才会出现。这样一来，病毒不仅是寄生虫，还是小偷，它们的基因都是从更加高等的生命中偷来的。

换句话说，在以前的进化论研究者所画的"生命树"上找不到病毒的位置。病毒只是随便从哪个枝头上掉下来的果子，属于进化的副产品。但是，当科学家分析了近千个病毒的基因序列后，不得不承认病毒很可能是一种独立的生命形式。

病毒很难形成化石，因此关于病毒的起源只有通过分子化石——DNA 序列的分析来猜测。拉斯科拉的合作者、分子生物学家让 – 迈克尔·克拉瓦里（Jean-Michel Claverie）通过分析巨型病毒的基因组顺序，产生了一个更加大胆的猜想。首先，他发现巨型病毒的基因组中大约有一半基因（大约 450 个）都是从来没有在任何物种中发现过的。如果病毒的基因都是偷来的，那么巨型病毒的这 450 个基因是从哪里偷来的呢？其次，他在巨型病毒基因组中找到了七个所谓"核心基因"，它们在所有的生命体中都存在，也就是说，它们在所有生命中都是"同源"的，可以通过分析它们的序列变化研究生命的进化次序，就像人类学家通过分析人类 Y 染色体基因序列的变化研究人类的演化史一样。克拉瓦里把这七个基因的顺序和地球上现存的三类生命形式——细菌（Bacteria）、古细菌（Archaea）和真核生物（Eukaryotes）做了对比，发现巨型病毒的位置应该在生命树的根部，比细菌的出现还要早。

克拉瓦里还发现了一个有趣的现象，大约有一半的巨型病毒基因都由一个共同的基因开关所控制。克拉瓦里认为，假如巨型病毒的基因都是从各处偷来的，很难想象它们都听命于同一个指挥官，对此现象最合理的解释就是：这些基因已经在一起合作了非常长的时间。

克拉瓦里的发现让澳大利亚分子生物学家菲利普·贝尔（Philip Bell）非常激动："巨型病毒很可能就是我一直在寻

找的那个'缺环'。"他说。贝尔教授是"细胞核来自病毒"学派的领袖之一，这一派学者认为，就像线粒体最早来自某个入侵细胞的细菌一样，真核生物的细胞核最早来自某个入侵原核细胞的病毒。这一理论最大的疑点在于，细胞核远比已知的病毒要复杂，很难想象如此复杂的细胞器能从简单的病毒进化而来。但是巨型病毒的出现解决了这个难题，它实在是太复杂了，足以演变成一个像模像样的细胞核。

病毒是进化的动力火车

巨型病毒的发现，不仅为"细胞核来自病毒"这一理论找到了根据，而且还促使科学家进一步思考病毒在进化中的作用。传统的进化理论认为，物种进化的动力来自基因突变，该突变由大自然进行筛选，适者生存。但是，有越来越多的证据表明，基因突变绝不是物种发生变异的唯一途径，不同个体和物种之间的基因水平转移（Horizontal Gene Transfer）也许更加重要。而这种交换的最主要的桥梁就是病毒。

匹兹堡大学的哈特福教授研究了十几种噬菌体（Phage，专门入侵细菌的病毒）的 DNA，发现它们很难按照进化树的方式进行排位。换句话说，噬菌体好像一个游方僧人，随机地把从各处乞讨来的基因片段都装进了自己的篮子里。这样一来，不同噬菌体在进化上的先后顺序自然就无法搞清楚了。

进一步研究表明，同一种病毒基因片段经常会出现在完全不相干的两个宿主种群里。比如在非洲的某种动物体内能够找到和美洲某种植物完全相同的病毒片段。这个事实说明，全世界的病毒之间经常发生基因交流。另外，病毒的基因变异速率远比细胞生命要高。这两个因素加在一起，使得地球上的病毒形成了一个统一的非常活跃的基因库。

病毒可不是独立存在的，它们不但会入侵其他物种，还会在入侵的过程中把自身携带的基因转移过去。早在上世纪50年代，科学家们就发现某些噬菌体在侵入细菌后会把自己整合到细菌基因组当中去，变成细菌的一部分。随着DNA测序工作的不断深入，科学家发现有10%～20%的细菌DNA都是由这种"前噬菌体"（Prophage）构成的。

除此之外，科学家们还在细菌基因组中发现了大量的"独立连续基因片段"（ORFan）。这些片段都有成为基因的潜质，但它们和已知的任何一种基因都不相同。有意思的是，科学家们目前已经完成了约500种细菌的基因组测序工作，每一种细菌基因组内都能找到10%左右的ORFan片段，其中的绝大部分很可能源自古老的病毒基因。

如果把Prophage和ORFan加起来，就说明任何一种细菌体内都有20%～30%的基因来自曾经入侵过它们的病毒。

病毒入侵高等动植物的例子也屡见不鲜，其中人们最熟悉的大概就是艾滋病病毒。艾滋病病毒是RNA病毒，侵入人体后会把自己"逆转录"成DNA，然后整合到人类的染色体当中。其实自然界像艾滋病病毒这样的逆转录病毒还有很多，它们转入人体的基因片段叫作"内源性逆转录病毒"（Endogenous Retrovirus，简称 ERV）。

当人类基因组计划完成后，科学家们发现人类体内至少有 8% 的基因属于 ERV，另外还有 40% ~ 50% 的基因有嫌疑。

这些 ERV 可不都是垃圾，很多都是有用的基因。这说明高等动物进化史上出现的很多有用的基因都来自病毒。比如，在哺乳动物的进化史上，胎盘的出现是一个关键。研究表明，胎盘生成过程中最关键的"胎盘融合蛋白"（Syncytin）基因就来自一种 ERV。

法国巴黎第十一大学的帕特里克·福特里（Patrick Forterre）教授认为，病毒对高等生物进化所作的最大贡献发生在进化初期。他和同事们积累了很多证据，证明在生命早期的"原始汤"里，曾经存在过各种各样的生命形式。由于病毒的穿针引线，这些生命形式互相交流，互相整合，互相竞争，最后形成了现存的三种生命形式，那些被淘汰的生命形式也没有完全消失，而是以基因片段的形式保存于病毒之中。

巨型病毒很可能就是这样一种进化遗迹。

"自然界中病毒的数量远远大于细胞生物，因此基因的流动往往是由病毒到细胞。"福特里说，"从进化的角度看，大部分新的基因往往先是在病毒中形成，再被转移到细胞里。"

如果这个理论得到证明的话，将从根本上改变人们对于进化过程的认识。按照"自私基因"理论，进化就是基因之间争夺资源的战争。但是病毒理论则说明，进化还有可能是细胞间互换基因的结果。这种互换远比基因的自然突变要来得迅速，因此进化很有可能不是渐进的，而是以突变的形式进行。

这一理论还催生出另一个更加宏大的理论——泛基因库（Pangenome）理论。该理论认为，细胞不是禁锢基因的监狱，相反，整个地球上的所有生命都在共享同一个巨大的基因库。基因可以在不同个体间进行交流，而交流的桥梁，正是病毒。

如果这一理论被证实的话，世界大同的理想，将首先在基因的层面上得以实现。

（2008.9.15）

III

辑 三

看基因下菜碟

超感基因

算命大概是人类最古老的一项脑力劳动。

以前走街串巷的算命先生靠的是看手相或者测字，后来道行高的干脆修座寺庙自己住进去，不但给施主算命，而且还负责改变别人的命运。再后来科技发达了，人们又开始看血型，研究星座。那些算命先生纷纷从寺庙里搬出来，住进了一些媒体的编辑部，开始撰写星座专栏。有越来越多的人不但衣食住行要看皇历，就连找对象都要先研究对方的星座，难怪一位没有通过预审的小伙子痛斥对方："你这是星座歧视！"

其实这个世界上所有的人大致可分为两类：信算命的和不信算命的，双方相互歧视的历史几乎贯穿了整个人类史。

最近，一位名叫迪恩·哈默的美国科学家出版了一本书，声称双方的分歧在于 DNA 的不同。他说他已经找到了那个闹事的基因，并把它叫作"上帝基因"。这个哈默是美国国立癌症研究所基因结构小组的组长，他写的这本书虽然名叫《上帝基因》，其实并不一定和宗教有关。在他看来，宗教是一种有组织的信仰，而产生这种信仰的心理机制才是这本书所要研究的对象。为了量化这种心理机制，哈默设计了一个包括 240 个问题的心理测验问卷，其中包括——"你是否觉得自己和周围世界是相通的？""你是否相信自己有很强的预感？"——等一些相当直白的问题。这些问题测量的是被试验者对超自然力的感知程度。或者简单地说，就是他是否相信算命。

哈默收集了一千多名试验对象的答卷，并分别收集了这些人的 DNA 样本，分析它们在九个与神经递质相关的基因上的不同。神经递质是一些单胺类小分子，在神经元之间传递着信息，它们结构的不同和数量的多寡决定了人类的喜怒哀乐。分析结果让哈默兴奋异常，因为他发现那些在某个基因位点上是 C（胞嘧啶）的人比同样位点是 A（胸腺嘧啶）的人更容易相信算命。这个位点位于一个名叫 VMAT2 的基因内，这个基因负责编码的蛋白质与一种囊状单胺的传递有关。

难道一个小小的 DNA 碱基单元的变化就能决定一个人是否具有超感能力？说起来这件事并不那么神秘，因为一个 DNA 碱基的改变就能改变其编码蛋白质的氨基酸顺序，进而改变该蛋白质的结构和功能。比如在所有生物学教科书上都会提到的"镰刀型贫血症"就是这样一个单碱基发生变异的结果。

这件事最令人惊奇的不是这个，而是它在人类行为与基因之间建立了确定的联系。其实这种联系在民间早就存在了，印度电影《流浪者》中就有一段著名的台词："法官的儿子永远是法官，贼的儿子永远是贼。"有趣的是，"正义"的力量总是在消解这种联系，比如这部电影的结尾，小偷拉兹其实是法官的亲生儿子，是环境的变化让他变成了贼。

关于超感的争论也是这样充满了戏剧性。相信超感的人信誓旦旦向你保证，他昨晚确实见到了故去的祖母，而反对超感的人则一口咬定那是一种神经不正常的表现。哈默的理论为这种争论画上了句号，在他看来，两者的分歧是天生的，谁也没有骗谁，因此谁也说服不了谁。

那么，人类怎么会进化出这么个"超感基因"呢？按照进化理论，任何基因的存在都有其原因，那个"镰刀型贫血症"基因之所以保存了下来，正是因为带有此基因的人可以抵抗疟疾的入侵，这在疟原虫肆虐的非洲可是一个利好消息。哈默在这本书中提出的一个重要观点就是：具超感基因的人比较乐观，能够更好地应付严酷的自然环境，因此也就比没有超感的人能够生养更多的孩子。历史学家的研究似乎证明了这一点，人类所有的部族都曾经进化出某种超感意识，类似宗教祭祀的集体活动能够在所有原始部落中找到。

是不是就此可以得出结论说人类的超感基因就是这个VMAT2？且慢！已经有不少科学家发表评论，对哈默的研究提出了不同意见。一个意见认为，哈默的数据并不能说明VMAT2就是控制超感的唯一基因，它的存在也许是有别的用途。类似的反对意见还有很多，毕竟哈默只是写了一本畅销书，其对应的科学论文还没有被任何一家正规科学杂志接受。所以说，想要利用"超感基因"理论攻击另一方的人先慢点下嘴，不要轻易地歧视和你见解不同的人。

（2005.7.11）

黑药白药黄药

能治好病的就是好药。

2005 年 6 月 23 日，美国食品与药物管理局（FDA）批准了一种名为拜迪尔（BiDil）的治疗心脏病的新药，这是人类历史上第一种专门针对某一种族的药物。生产拜迪尔的 NitroMed 制药公司提供的数据表明，这种药能够把黑人心脏病患者的死亡率减少 43%，但对其他种族的治疗效果却不显著。

此药的发明者是明尼苏达大学心血管病专家科恩博士。早在上世纪 80 年代，他就尝试把两种药效一般的治疗心脏病的药物按照一定比例混合起来，让患者服下，结果发现其效果比单独服用一种药物要好很多。但是，1997 年 FDA 否决了拜迪尔，因为试验结果表明这种药对普通大众的治疗效果并不好，在统计学上和安慰剂没有区别。但是，科恩博士通过分析受试者的种族分布，发现黑人患者对此药的反应明显比白人患者要好。2001 年 6 月，他再一次对拜迪尔进行了试验，这一次只在黑人患者中进行。结果服用拜迪尔的黑人患者死亡率减少了将近一半！如此明显的效果使得这项试验到 2004 年 7 月就被医药公司主动停止了。出于人道主义考虑，所有原本服用安慰剂的患者都改服拜迪尔。如此显著的疗效让拜迪尔在一年之后终于获得了 FDA 的许可。此药为什么只对黑人起作用呢？对此专家们还没有定论，一种比较流行的理论认为拜迪尔提高了人体内一氧化氮的含量，而黑人体内一氧化氮的含量平均起来要比白人少。

其实，不同的人吃不同的药，这早已是普遍的医学常识。但是以前人们只是在性别和年龄上做文章，没人敢碰种族这一禁区，生怕被贴上"种族歧视"的标签。因此可以想象，拜迪尔的出现在美国引起了轩然大波，支持者说黑人从此有了只属于他们的特效药，是件造福黑人的好事。反对者认为这种药的出现将会引发对少数民族的新一轮歧视，因为此药的出现证明了黑人在基因水平上与其他人种有区别，而这一点正是种族主义者们歧视黑人的理论基础。

任何一个能辨别黑白的人都可以看出黑人和白人的不同，但反种族歧视的人认为这种差异只是黑色素水平的不同，双方在其他地方没有本质区别。但只要稍微仔细思考一下，就会发现这种说法站不住脚。不同种族在身高、肤色、眼睛颜色、面部轮廓、四肢比例、脂肪分布比例甚至脑容量等方面都有着显著的差异。不但如此，不同种族的人在生理上也有明显不同。比如黑人得高血压的概率比白人高，白种人得皮肤癌的概率比黑人高，黄种人体内不含乳糖酶的比率比白种人高，等等。许多这类区别都被证明无法用生活习惯的不同加以解释，双方确实在基因水平上有差异。2005年2月，斯坦福大学的人类学家进行了一次有史以来最大规模的科学实验，在326个变化较大的基因位点上对3636名不同种族的志愿者进行了分析，结果表明可以按照这些基因的变异情况把人类分成四个大组，分别对应于黑人、白人、亚洲人和西裔，准确率高达99.86%。

可是，当研究对象是自己的时候，没有人能够保持中立。虽然有越来越多的证据表明种族的存在，但因为有种族歧视这顶帽子压在头上，很多科学家在这方面的判断力发生了不自主的偏移。这一点在美国尤其普遍，因为美国曾经有过种族歧视的历史，种族问题一直是美国的一个禁区。美国的主流媒体每时每刻都在教育大家，所有人都是相同的，都有无穷无尽的潜力。这甚至成了"美国梦"最重要的组成部分。其实这种强迫式的平均主义恰恰是矫枉过正的表现。每个人因为身高相貌智力水平不同，其结果多种多样，这才是这个世界之所以丰富多彩的重要原因。反种族歧视不是鼓励大家都去做一样的人，而是承认人与人之间的不同，并在此基础上学会爱那些和你不同的人。

这一点说起来容易做起来很难，直到拜迪尔的出现才终于让主流媒体开始正视这个问题了。其实，要做到真正的种族平等，最重要的指标就是让所有人都有相同的机会活在这个世界上。而要达到这一目标，只有对症下药才是最有效的手段。我们目前没有办法单独测量每个人体内的一氧化氮含量，因此才不得已用了种族的标签，这其实是一种非常实事求是的选择。

在这个问题上，我相信邓小平的理论。其表达可以是：不管黑药白药黄药，能治好病的就是好药。

（2005.7.25）

长寿新思路

停止节食吧，效率才是长寿的关键。

　　人人都想长寿，可人们愿意为此付出多少代价呢？答案是：很小。早就有证据说垃圾食品会让人早死，抽烟会缩短人的寿命，可还是有很多人乐此不疲。人们需要的是一种长寿药，吃下去立刻可以多活一百年。可问题是，到目前为止科学家发现的衰老机理有很多种，哪一种才是关键呢？搞不清机理，长寿药是无法研制出来的。

　　2005 年 5 月，瑞典卡罗琳斯卡大学的拉尔森教授在《自然》杂志上发表了一篇文章，为那些渴望长寿的懒人指出了一条康庄大道。拉尔森教授的想法很简单：长寿的秘诀一定存在于 DNA 中，因为 DNA 会随着时间的推移而发生变异，并生产出失效了的蛋白质。以前人们一直把注意力放在核 DNA 上，这就是人们常说的人类基因组的所在地。但这些 DNA 平时都紧密地缠绕在组蛋白上，直到需要的时候才解开，这就是人们常说的染色体。染色体躲在细胞核内，外面被一层核膜保护着，以便和有害的化学物质分开。DNA

复制的时候会有多种蛋白质随时监视着整个过程，这些蛋白质就好比监工，一旦发现复制错误就立刻进行修正。当然还是有少数漏网之鱼，不过这些极少量的基因变异正是生物进化所必需的，少不得。

除了细胞核里的染色体 DNA 以外，人类细胞之中只有一处地方还有 DNA 分子，那就是线粒体。这是一种游离在细胞液中的圆筒状器官，它们就像是小型发电机，专门负责把人吃进去的养料变成所有器官都能立刻使用的能量，也就是 ATP 分子。线粒体很像细菌，其内含的 DNA 分子都是环形的，一共有 16569 个碱基对，编码 37 个和能量转换有关的基因。这些 DNA 都裸露在细胞液里，没有组蛋白的保护。负责监控 DNA 复制的蛋白质"监工"也只有一个，因此线粒体中的基因变异的速度至少是细胞核 DNA 的十倍以上。

很早就有人把线粒体 DNA 的变异和衰老联系在一起，但他们弄不清谁是因，谁是果。拉尔森教授想出了一个办法，把一种效率极低的"监工"蛋白质通过转基因的方法移植到小鼠体内，结果这种小鼠体内的线粒体迅速积累了大量变异，并很快出现了衰老的迹象，其速率是普通小鼠的三倍以上。科学界普遍认为这是衰老机理研究历史上具有划时代意义的一项实验，它第一次证明线粒体 DNA 的变异是衰老的重要原因之一。拉尔森教授下一步打算把效率高的"监工"蛋白质移植到小鼠体内，看看小鼠是否因此而长寿，只有这样才能最终证明线粒体理论的正确性。但是这样做的难度要大很多。

为什么线粒体 DNA 的变异会导致衰老呢？拉尔森教授解释说，线粒体 DNA 的变异会导致能量供应不足，影响其他器官的功能，但更主要的原因还得说是自由基。很早以前人们就知道，人体内的自由基是导致很多器官遭到破坏的罪魁祸首。线粒体则是自由基的主要来源。DNA 发生变异后，线粒体的效率逐渐降低，越来越多的养料无法变成 ATP，便以自由基的形式释放出来了。苏格兰科学家斯皮克曼博士进行的一项实验间接地证明了这一假说。斯皮克曼发现，线粒体功能活跃的小鼠寿命比普通小鼠要长很多，这种小鼠新陈代谢水平高，线粒体工作效率也高，产生的自由基比普通小鼠少很多。

以前曾经有一个很著名的实验证明，始终处于饥饿状态的小鼠比较长寿。斯皮克曼认为这两个实验并不矛盾，线粒体的工作效率而不是总产量，才是问题的关键所在。饥饿小鼠的线粒体和高效线粒体一样，会产生出比较少的自由基，因此这样的小鼠才会比较长寿。

那些妄想依靠饥饿来达到长寿目的的人可以停止节食了，因为我现在就可以证明：效率才是长寿的关键。那些工作效率高的人所干的事情比懒人要多很多，他的实际寿命自然也就长很多。

（2005.8.1）

基因家谱

基因才是最可靠的家谱。

俗话说，如果两个人姓一个姓，500 年前是一家。可惜这个说法很不可靠。一来某个姓氏可能有多个起源，二来很多人不姓父亲的姓。同理，家谱也不一定可靠，万一祖上某一辈有个私生子，后代们可就都不好说了。基因则不然，它是按照一定规律从祖先遗传下来的，这是人类最可靠的家谱。不过基因家谱上写的不是文字，而是 DNA 上的一个个碱基对。人类大约一共有 30 亿个碱基对，数量巨大。因此直到科学家发明了快速 DNA 测序的方法后，人们才慢慢开始读懂了基因家谱隐含的秘密。

2004 年有报道说现在世界上大约有 1600 万男人都是成吉思汗的后代，2005 年 10 月的《美国人类遗传学杂志》又报道说大约有 150 万男性蒙古人都是努尔哈赤的爷爷觉昌安的后代。这两项结论都是依靠对 Y 染色体的 DNA 序列分析得出来的，因为人类的其他 22 对染色体会发生重组，也就是配对的染色体之间互相交换相应的 DNA 片段。这样一来，家谱分析工作就会变得相当复杂。但与 Y 染色体对应的是比它大得多的 X 染色体，两者之间没有基因重组，因此一个男人的 Y 染色体完全来自父亲，与母亲一方没有任何关系，分析起来就简单多了。

可是，Y 染色体很小，隐藏的信息有限。有没有办法对其他染色体的家谱进行分析呢？办法很多。其中比较有趣也比较容易理解的一种办法就是分析隐性致病基因。我们知道很多疾病都是由于基因突变所造成的，但人类有两套染色体，也就是说每个基因都有两个拷贝，一个坏了还能依靠另一个好的，只有当两个坏基因碰在一块的时候才是致命的。

单个基因的长度从几百碱基对到几万碱基对不等，基因上的很多位点都能够发生突变。比如有一种基因决定了人是否能尝到 PTC 的苦味。PTC 是一种植物毒素，尝到苦味可以让人类避免误食这种有毒植物。这种基因目前已经发现了七种类型，最常见的两种类型占据了大部分人类的基因组，而其中比较罕见的四种类型只在非洲人当中才能找到。这说明 PTC 味觉基因的变异最早发生在非洲，其中的两种通过人类大迁徙（所谓"走出非洲"）而逐渐传遍了整个地球。这是"人类非洲起源假说"的又一个很好的例子。

那么，既然基因突变是随机发生的，怎么才能够证明一个变异是源自祖先，还是后代新发生的突变呢？这是通过分析 DNA 顺序来知道的。如果很多人的突变基因周围的 DNA 顺序都是一样的，那就说明这些人的突变基因来自同一个祖先。这段大家共有的相同顺序生物学上叫作"单型"（Haplotype），这就好比是祖先遗留下来的一个信物，一代一代传下来，而且只传自家人。分析"单型"比单独分析基因突变更有意义，比如，著名的"镰刀型贫血症"基因突变都发生在同一个 DNA 位点上，看似大家都源自同一个祖先。但该突变周围的 DNA 序列是不同的，调查发现世界上一共存在五个单型，分别分布在非洲和中亚地区，这说明人类在演化过程中一共有五个人各自发生了基因突变，并把这一突变遗传了下来。也就是说，如果你带有"镰刀型贫血症"的基因，你还得请科学家测出突变位点周围的 DNA 顺序，看看符合哪个单型，才能确定你的祖先到底是来自南非还是伊拉克。

单型的长短还可以用来推测出突变发生的年代。要想明白其原理，可以简单地把一对染色体想象成两副扑克牌，一副红桃一副黑桃，不过不是 A 到 K，而是 1 到 1 亿。现在让一个不太熟练的人开始洗牌，第一代还能分清哪副是哪副，几代之后恐怕你就分不清了。假定一开始红桃那副牌里混进了一个梅花，第一次洗牌的时候梅花很可能还是被红桃包围着，越往后周围的红桃就越少。对于基因来说，每经过一次基因重组就等于洗一次牌，某个变异（梅花）周围的 DNA 顺序（红桃顺序）一直不变，这就是"单型"。而单型的长度越短，遗传的代数（洗牌次数）就越多。

上面提到的那个 PTC 变异的单型就很短，大约只有 3

万个碱基对。这说明这一变异发生的年代十分久远，据推算已经有 10 万年以上。除了非洲之外，世界其他地方没有独特的单型出现，这表明人类的祖先当初走出非洲后一直很团结，没有和沿路的其他人种发生过基因交流。

一句话，关于 PTC 单型的研究再一次表明整个人类都源自多年以前的一个非洲部落，大家不管肤色黑还是白，姓张还是姓史密斯，N 年前其实都是一家人。

（2005.11.7）

基因自助餐

....

细菌进化如此之快，因为有"横向基因
传递"这个秘密武器。

经过科普作家多年的努力，很多读者都已经知道滥用抗
生素会导致细菌产生抗药性。那么，细菌是怎么获得抗药性
的呢？很多文章都说是通过基因突变。但是最新一期的《自
然遗传学》杂志刊登了英国科学家马丁·勒彻的研究报告，
从根本上动摇了这个假说。勒彻的实验结果表明，"横向基
因传递"才是细菌们真正的秘密武器。

所谓"横向基因传递"（Horizontal Gene Transfer）说白
了就是非直系亲属之间的基因交换。也就是说，基因不但可
以从父母传给儿女（纵向），而且还可以在两个不相干的个
体之间传递。微生物学家早就发现，两个细菌在相互接近的
时候可以互相交换各自的遗传信息，取长补短。科学家把这
种现象比作"细菌性交"，它和真正的有性生殖一样，都是
生物适应环境、加速进化的有效手段。

问题的关键是："横向基因传递"对细菌的进化究竟有
多大的影响？

勒彻是世界上第一个研究这个问题的科学家。他选择的研究对象是大肠杆菌及其祖先——沙门氏菌，这两种细菌在大约 100 万年前分道扬镳。勒彻研究了两者的新陈代谢系统，也就是细菌体内负责处理外来物质（包括营养和毒素等等）的那些基因。大肠杆菌有大约 900 个这样的基因，编码 904 个不同的蛋白质。这些蛋白质大都是蛋白酶，这些酶催化了 931 种不同的化学反应，它们构成了一个"新陈代谢网"。这个网就是细菌成长的核心部分。

　　勒彻的研究发现，大肠杆菌的"新陈代谢网"在这 100 万年里只通过基因突变的方式获得了一个新的基因，而通过"横向基因传递"的方式获得了至少 25 个新基因！仔细分析这 25 个新基因，勒彻发现它们都不属于新陈代谢最关键的部分，而是一些外围基因，它们的主要作用就是帮助细菌更好地适应新环境。

　　比如，一群细菌突然掉进了一个充满乳糖的汤里，它体内原本没有能够消化乳糖的酶，怎么办？一个办法是通过基因突变来获得这种新性状，但突变是随机的，很不靠谱。实际上细菌们多半采取了一种偷懒的办法，就是和周围那些具有乳糖酶基因的细菌交换 DNA。以此类推，细菌的抗药性基因大都也是通过这种"横向基因传递"得来的。

　　那么，环境中怎么会有抗药性基因呢？原来，细菌获得基因的方式有很多种，它们不但可以通过相互接触来交换 DNA，也可以通过一种专吃细菌的病毒——噬菌体来进行远程交换。噬菌体就像蚊子传染疾病那样在细菌之间传递DNA，它们在自然环境中数量巨大，每毫升湖水中可以含有高达1亿个噬菌体！除此以外，细菌们还可以直接从环境中摄取DNA片段。事实上，DNA是一种非常稳定的分子，从死亡细菌体内释放到环境中的DNA可以存活很长的时间。研究发现，在海水中的DNA能够保持45～83小时不被降解，在海底淤泥中则可以维持235小时不失活性。

由此可见，我们可以把整个地球想象成一个巨大的DNA自助餐厅，细菌们你来我往，各取所需。细菌不饿的时候会选择不去吃基因饭，但当环境发生变化的时候，它们就会加快进餐的速度。过去微生物学家发现过一个奇怪的现象，那就是细菌的DNA在恶劣环境下的变异速度远大于正常情况，这一现象曾经被叫作"指向性突变"，也就是说科学家认为细菌们可以有选择性地提高某类基因的变异频率。现在科学家们终于知道了这一现象背后真正的原因，那就是"横向基因传递"。细菌一点也不笨，别人已经有了，干吗自己生产？拿来用就是了。

这一发现还为一个困扰了科学家多年的细菌进化问题提供了一种有意思的解释。进化论研究者曾经根据细菌的基因突变频率计算过细菌进化所需时间，结果发现细菌们进化到现在这个样子需要80亿年的时间，这个数字几乎是地球历史的两倍。一些神创论者曾经用这个数字攻击过进化论，而另一些严肃科学家（包括发现DNA双螺旋结构的弗朗西斯·克里克教授）则提出了一个大胆的假设，他们认为地球上所有的生命都来自外星球智慧生物播撒的"生命种子"。

　　勒彻的实验终于给这个问题提出了一个不那么"惊人"的解释：正是因为细菌掌握了"横向基因传递"这个秘密武器，才使得它们的进化速度如此之快。换句话说，细菌的进化不是只能通过基因突变来进行，新基因也不是只能通过父传子这种线性模式来传递。进化的路线图不是树形的，而是一个复杂的"关系网"，每种细菌对其他细菌的进化都做出了一点贡献。

（2005.12.5）

看基因下菜碟

人体的差异性导致减肥这件事必须看基
因下菜碟。

资深减肥爱好者应该都知道阿特金斯减肥法吧？就是不
吃碳水化合物，只吃蛋白质和脂肪。这法子不必饿肚子，因
此靠此法减肥成功的人都会迫不及待地推荐给朋友们。可惜
很多人试过之后都说没用，这是怎么一回事呢？

2005 年 12 月出版的《糖尿病治疗》杂志刊登了美国塔
夫兹大学科学家的一篇研究报告，指出了一条可能的原因：
胰岛素分泌水平过低。这项实验的参加者都是一些身体健康
的胖子，科学家把他们分成两组，一组吃"低血糖负荷"食
品，另一组则正相反。所谓"血糖负荷"指的就是能够提高
血糖浓度的食品总量，这主要是指碳水化合物，因为脂肪和
蛋白质对提高血糖贡献很小。因此，这个"低血糖负荷"食
品非常类似于阿特金斯减肥法所提倡的食谱。

经过半年的试验，科学家发现只有一部分吃"低血糖负
荷"食品的人的体重有了显著下降，另一部分人则没有变
化。进一步研究发现，那些减肥成功的人体内胰岛素分泌水

平都比较高，而没有效果的受试者则正相反。于是科学家们建议，使用这种减肥法必须先测胰岛素，不符合条件的就别瞎掺和了。

其实，还有很多不同体质的人不适合这种减肥法，要看身体对脂肪和蛋白质的吸收能力、对脂肪蛋白质的代谢废物是否敏感、对代谢副产品的耐受程度等等，这些都决定了一个人是否适合采用这种减肥法。胖子们必须先去做很多测验才能决定他到底应该去吃肉还是喝面汤。但是，这类生化测验大都很复杂，而且昂贵。

有没有简单有效的解决方法呢？有，这就是基因检测。现代医学的发展已经把很多性状和基因序列联系了起来，也就是说，只要看你体内带有的是何种基因，就可以判断你是何种体质。基因检测不但准确，而且简单，因为科学家已经掌握了多种检查 DNA 序列的方法，这些方法快速而又廉价，最适合进行这种大规模筛检。

基因芯片的发明更是使这类检查变得方便了。这种基因芯片非常类似于电子领域里的集成电路，就是把原本需要很多试管和溶液的生化反应高度浓缩到一块邮票大小的玻璃片上。位于美国硅谷的 Affymetrix 公司是这项革命性新技术的先驱者之一，他们制作的基因芯片可以包含多达 50 万个小坑，每个坑内都可以单独进行一种化学反应，每种反应的结果都可以用某种方法（比如荧光剂）直观地显示出来。假如在这 50 万个小坑里预先固定住 50 万种不同的 DNA 小片段，然后和受试者的 DNA 进行反应，凡是顺序互补的都会结合在一起（生物学术语叫作"杂交"），荧光剂就会发光，通过光探测仪就可以迅速地找出那个中标的小坑，受试者的基因类型也就可以迅速地知道了。

经过多年的科学研究，人们已经知道了很多基因类型对人体生理过程的影响。比如，如果你含有一种名为 MTHFR 的基因，那么你的血液中肯定会含有较高浓度的高半胱氨酸（Homocysteine），你会更容易得高血压，中风的可能性也比常人要高。科学研究还发现，食用大量的叶酸（维生素 B 的一种）可以降低血液中高半胱氨酸的含量。看到这里，傻子也该知道怎么办了吧？幸好绿叶蔬菜和柑橘中含有大量叶酸，于是，每天多吃些蔬菜，多喝一杯橘子汁就可以帮助你降低中风的可能性了。

那么，这种基因检测有地方做吗？有。美国一间名为 Sciona 的公司就已经开始做这类检测了。只要你付上 126 美元邮购一个测试包，然后按照里面描述的方法在口腔内刮一点细胞下来，连同一个关于你自己生活方式的问卷一起寄回给这家公司，几天后就会收到他们寄来的饮食建议。嫌这个方法太麻烦？加拿大一家公司最近发明了一种新方法，用一滴唾液就可以提取 DNA 了。

中国目前在这方面还比较落后，不过已经有几家公司开始尝试进军基因检测领域。但是，目前却有一些公司打着"基因检测"的旗号贩卖假冒伪劣，使得这一新技术被很多人误解了。比如报纸已经揭露的某些公司打着乙肝基因检测或者乙肝基因治疗的幌子，贩卖与基因毫无关系的中草药偏方，这些骗子依靠的就是普通人对"基因"这个词的盲目崇拜心理，读者一定要注意明辨真伪。

有人也许会问：这项技术如果用在疾病诊断治疗上岂不更有用？其实，这方面早就有人在做了，而且也有很多产品已经上市。不过疾病诊断治疗相对复杂，责任也更大，需要经过大量的临床试验才能商业化。相比之下，看基因下菜碟比较容易，吃错了也死不了人，这方面的商业化肯定会走在基因诊断和基因治疗的前面。

（2005.12.26）

干细胞的基因疗法

基因和干细胞治疗之所以受重视，因为它们都是"治本"的办法。

基因治疗和干细胞是生物医学领域最热门的两个关键词。前者喊了 20 年了，至今仍然没有决定性的突破；后者热门的原因想必大家都知道了。两者之所以受到如此重视，因为它们都是"治本"的办法。前者对付的是生命之本——基因，后者对付的是细胞之本——干细胞。只要两者之中任何一项技术获得突破，很多不治之症就会迎刃而解。

那么，把两者结合起来岂不是更好？ 2006 年 1 月份的《自然》杂志生物技术分册刊登了美国著名的斯龙 – 凯特林学院（Sloan-Kettering Institute）生物学家迈克尔·萨德兰撰写的一篇研究报告，揭开了"干细胞基因疗法"的序幕。

要想明白这个实验的来龙去脉，必须先了解生物学的另一个热门词语——镰刀型贫血症。这个病本身并不是多么可怕，但这是人类第一个从分子水平上搞清楚了的单基因遗传病。世界上任何一本遗传学教材里都会提到这个病。简单地说，此病的患者会产生一种有缺陷的血红蛋白，使得病人的红细胞在显微镜下看上去不是圆饼形，而是瘪了进去，像是一把弯弯的镰刀。这种有病的血红细胞能够让血液变得黏稠，并阻塞毛细血管，后果当然是不堪设想。

这种有病的血红蛋白来自一个单一的基因变异，如果患者只带有一份拷贝（另一份是好的），那么此人对疟疾的抵抗力就会大大优于携带两份好基因的"正常人"。于是，在疟疾泛滥的热带地区，"杂合体"（体内一份好基因一份坏基因的人）就有优势了，这就是为什么这种"坏基因"没有被自然选择淘汰掉的原因。

此病目前无法根治，唯一的办法就是输入健康的造血干细胞。显然，异体排斥是这种疗法的死穴。另外，对付这样的先天性遗传病，普通的干细胞疗法也无能为力。换句话说，即使黄禹锡教授真的能够克隆出患者的干细胞，它仍然是有遗传缺陷的，没有用。

唯一的办法就是基因治疗，也就是说，必须修复患者的DNA。可这说起来容易，做起来却很难。细胞里的DNA平时都卷成了复杂的染色体，哪能让医生随便拆开来修补？不过，直接修补DNA不行也没关系，还有一种变通的办法，那就是从体外补充进好的DNA，以代替有病的基因。怎么补充呢？用改良后的病毒。病毒最擅长的就是入侵别的细胞，释放自己的遗传物质。现在科学家手里已经有了很多种经过改造的病毒，这些病毒失去了致病性，变成了所谓的"基因载体"。科学家可以任意插入新基因，然后把改造过的

"基因载体"导入细胞中，再命令它释放出新的 DNA，帮科学家做事。这种由病毒改造的"基因载体"是基因疗法的基石，也是分子生物学研究中使用相当广泛的一种实验工具。

对于镰刀型贫血症，还有一个问题需要解决。科学家不仅要导入新基因，还必须抑制有病的基因，不让它们发挥作用。事实上，很多遗传病都必须双管齐下才有效。关闭一个基因有很多种办法，目前最热门的办法就是用"小干涉 RNA"（siRNA）。这个名字听上去有点拗口，但却非常准确。"小"，是说它体积小，一般只含有 20～25 个碱基对。"干涉"，是说它的主要功能就是干涉其他基因的表达。干涉的机理解释起来相当复杂，简单地说就是利用了 RNA 之间的互补性。假如 siRNA 和某个信使 RNA（蛋白质生产过程中必需的一种 RNA）有一段顺序互补，那么 siRNA 就会牢牢地结合上去，这个被"绑架"了的信使 RNA 也就失去活性了。这个办法可不是科学家想出来的，而是生物体本来就有的一种调节基因表达的方式。这个发现是大约十年前由美国科学家做出的，极有可能在不远的将来获得诺贝尔奖。

作为一个工具，siRNA 非常好用，因为它设计起来相当简单，只要知道被干涉的那段基因的顺序就可以了。对于镰刀型贫血症来说，那个坏基因的顺序早就知道了，科学家只要针对这个坏基因的位点设计出一款 siRNA，把它安装到"基因载体"里去，就可以抑制患者生产坏的血红蛋白了。简单吧？当然了，实际操作起来还会遇到这样那样的问题，这里就不多说了。

虽然这项实验还处于初级阶段，距离实际应用还有很大的距离。但是一项实验用到了三个目前最热门的新技术，想不红都难。这篇论文的第一作者希尔达·萨马克古鲁乐观地对记者说："虽然目前我们用这项技术治疗的是镰刀型贫血症，但其实这项新技术可以广泛地用于修正干细胞或者癌症细胞的遗传缺陷。"真到了那一天，任何疾病只要知道其分子机制，都是可以治愈的。

新年的第一个月就听到如此振奋人心的好消息，真让人心情愉快。

（2006.1.23）

基因年龄

人体某样器官的真实年龄是由其基因年龄决定的。

"请问您今年多大了？"

"我户口本上写着的年龄是 52 岁，我的肌肉年龄只有 38 岁，可我的肾脏年龄却是 65 岁了。"

这段对话目前还不可能发生在人们的日常生活中，但科学家相信，用不了多久人们就可以很方便地知道自己身体里各个器官的真实年龄了。

生老病死是自然规律，可长生不老也是人类共同的愿望，于是衰老问题吸引了很多生物学家，产生了许多不同的理论，谁也说服不了谁。其实正确说法应该是：衰老是由很多因素决定的，起码目前来看是这样。

要想研究衰老，首先必须找到一个测量衰老程度的办法。年龄固然是一个方便的指标，但并不完全准确。不同个体有不同的衰老速度，这和它的基因以及生活方式都有关系。

有一种方法曾经非常热门，那就是测量染色体端粒

（Telomere）的长度。顾名思义，端粒指的是位于染色体尖端的那部分 DNA，这部分 DNA 不负责编码蛋白质，却和细胞分裂有很大的关系，每次 DNA 复制完成后染色体端粒都会损失掉一小部分。事实上，端粒的存在就是为了提供一个缓冲区，否则损失的就会是有用的基因了。研究表明，人类染色体端粒的长度与细胞分裂的次数确实有关联，分裂次数越多，端粒就越短。端粒长度就成了测量细胞真实寿命的一个指标。

有人根据这一现象提出了一个假说，认为端粒限制了细胞分裂的次数。有一种端粒酶能够修复损失的端粒，如果能够人为补充端粒酶，延长端粒的长度，人就可以长寿。可后来的研究表明，很多其他动物的端粒长度与寿命并不一致，而且端粒酶过多会提高癌症的发病概率，所以这个方法目前看来不可行。

事实上，任何一种只针对某一个因素的长寿秘诀都是不全面的，因此便有科学家提出，必须对人体内所有蛋白质的含量做一次统计，分析年轻人和老年人之间的区别，找出规律。这个想法固然好，但在技术上很难实现。现在有了 DNA 芯片，技术问题终于解决了。具体做法说起来十分简单：先提取细胞中的 mRNA，在体外把它们转换成 cDNA，然后和基因芯片杂交。这种芯片上有上万个小坑，每个小坑内都是一段 DNA 探针，每个探针代表一个基因。根据杂交的程度就可以测量出细胞液中 mRNA 的含量。众所周知，蛋白质是以 mRNA 为模板生产出来的，mRNA 的数量理论上可以代表蛋白质的相对含量。因此，这种方法能够轻而易举地分析上万种蛋白质在人体中的相对水平。

人体各器官衰老程度不一样，必须把每个器官分开来单独进行研究。美国斯坦福大学医学院的教授斯图尔特·金（Stuart Kim）是这个领域里的权威，他找来 81 个志愿者，年龄从 16 岁到 89 岁不等，从他们体内提取少量肌肉组织，用上文提到的 DNA 芯片分析法分析了 31948 个基因的相对含量，这个数量几乎涵盖了整个人体基因组。之后，金教授用计算机分析了这些数据与受试者年龄的相关性，结果发现其中有 250 个基因的含量随年龄增加发生了明显变化。

更有意思的是，金教授通过测量两种肌肉纤维的直径比例而得到了这些肌肉组织的真实生理年龄，然后和基因含量数据做了一个对比研究，结果发现两者的相关性要高于基因含量与受试者实际年龄的相关性。比如，有一个 41 岁的志愿者的基因含量参数与 60 多岁的人相当，其肌肉生理年龄也是如此。另一位 64 岁的志愿者则正相反，他的基因含量数据显示出他只有 30 多岁，而他的肌肉也具有相当的活力，和年轻人别无二致。

2004 年，金教授用同样方法研究过人肾脏的衰老程度与基因的关系，结果和肌肉情况相似，其衰老程度与年龄并不一定成正比。由此可见，一个人的某样器官的真实年龄是由其基因年龄决定的。金教授把他的研究成果发表在 2006

年 7 月份的《公共科学图书馆学报》上，并声称这项研究有助于找到更合适的用来移植的器官。当然普通读者们肯定更关心怎样测量他们自身器官的真实年龄，要想做到这一点，目前还需要解决一个技术问题，那就是怎样从血液中分析出某样器官的基因状况。抽血很容易，采样的话就会比较麻烦了。

万一测量出的结果很悲观，有没有办法补救呢？金教授把自己的实验数据和其他物种的相应数据做过一个比较分析，发现有好几组基因在所有物种中都是相通的，比如负责线粒体能量转换效率的基因总是随着年龄的增长而降低。但是，这种研究方法只能找出某种基因是否与衰老有关联，并不能说明这种基因就是衰老的原因。这方面的研究还很不成熟，人类长生不老的愿望目前看来很难实现。

（2006.7.31）

转基因奥林匹克

隐瞒七年后，美国短跑名将琼斯终于承
认自己服用了禁药。公众发问：竞技体
育到底有没有可能是清白的？

　　琼斯这次承认服用的禁药是一种类固醇，英文叫 THG。
这是位于美国加州的巴尔科实验室（BALCO）专门为职业
运动员研制出来的。巴尔科的创始人、化学家维克多·孔特
（Victor Conte）把国际奥委会原先明令禁止的一种类固醇的
化学结构略微改变，让旧有的检测方法无能为力。于是琼斯
在 2000 年悉尼奥运会时大胆地服用了 THG，并拿到五块奖
牌。可是，国际奥委会在 2003 年找出了检测 THG 的办法，
琼斯当时留下的尿样终于现了原形。

　　琼斯被迫交出了五块奥运会奖牌，由原来的亚军顶
替。可是，悉尼奥运会女子 100 米跑的亚军、希腊运动员萨
鲁也因拒绝药检而被指控违规！不知道第三名有没有留下
尿样？

　　这已经不是琼斯第一次出事了。2006 年，琼斯被查出
服用了违禁药物 EPO。无独有偶，2005 年，环法自行车大
赛冠军兰斯·阿姆斯特朗就曾被查出服用了 EPO。EPO 全

名叫"促红细胞生成素"，顾名思义，EPO 能作用于人骨髓中的造血干细胞，使之大量生产血红细胞。红细胞负责运送氧气，而肌肉缺氧是造成运动疲劳的主要原因。

人工合成的 EPO 很早就被用于治疗贫血症，但一批想出名想疯了的运动员几乎同时开始服用这种激素。和 THG 一样，EPO 原先也是检测不出来的一种兴奋剂，国际奥委会直到 2000 年才掌握了监测 EPO 的技术，而阿姆斯特朗第一次夺取环法冠军是在 1999 年，所幸他那时留下的尿样一直被保留着。2005 年，法国人重新检测了这份尿样，阿姆斯特朗这才东窗事发。

大量事实表明，EPO 和 THG 只是冰山一角，因为药检技术始终落后于禁药的开发，难怪孔特对记者说："琼斯的金牌不应该被收回，因为和她同场竞技的那些选手也都不干净，她们同样都服用了各种能提高成绩的药品。"

既然兴奋剂屡禁不止，是否应该干脆全面放开呢？起码现在看来还不可能，因为目前大多数违禁药物都会对运动员造成伤害。比如，EPO 会造成血液黏稠，使用不慎就会引发心脏病。医生们很早就知道 EPO 的害处，早在 EPO 检测方法还没有被发明出来以前，国际自行车协会就想出了一个变通的办法，对运动员血液中的血红细胞比例做了个硬性规定：凡是用分血计测量出血红细胞含量在 50% 以上的运动员禁止参加比赛。

但是，新的问题来了：正常人的血红细胞百分比在

35% ～ 52% 之间，有少部分人体内本身的含量就高于 50%。曾经在 1964 年冬奥会上赢得过两枚金牌的芬兰越野滑雪运动员伊罗·米特兰塔体内含有一种变异的 EPO 基因，使得他的血红细胞含量比常人高 50%，他该不该被禁赛呢？2004 年德国发现了一名"超级男孩"，从小就肌肉过分发达。分析发现，"超级男孩"携带了一种变异的基因，使得他体内的"肌肉抑制素"比正常人要少很多。他那当短跑运动员的母亲后来也被发现带有这一变异，是否应该禁止她参赛呢？研究表明，人类至少有 500 个基因与运动能力有关，如果按照基因的特点选择运动员，是否应该算作不正当竞争呢？

不管你怎么想，基因肯定是"禁药"领域的希望所在。事实上，科学家已经找到了"转基因"的方法，把外源基因导入实验小鼠体内，改变它们的身体结构。大约在十年前，美国宾夕法尼亚大学的斯维内教授成功地把产生"肌肉生长素"（IGF-1）的基因引入小鼠的染色体中，从此这只小鼠便开始源源不断生产肌肉生长素，其肌肉体积对照组增长了 15% ～ 30%。因为 IGF-1 基因已经被整合进小鼠的染色体内，所以新生产出来的"肌肉生长素"完全是"内源"的，不必人工添加。所以，要想检测出运动员是否转过基因，必须对其肌肉组织做切片，取出其中的 DNA 进行分析，才有可能辨别出来。

值得一提的是，斯维内教授采用了一种聪明办法，让

IGF-1基因只在小鼠的肌肉细胞中才能被表达，因此被转了基因的小鼠除了肌肉增长之外，几乎没有任何副作用。

斯维内教授的本意是想找出一种治疗老年肌肉萎缩症的方法，但是没有理由相信这项技术不会被运动员们偷学过去。一旦他们这么做了，势必又将有一大批世界纪录被改写。到那时，奥运会也许将不得不实施另一种分级制度，你会听到如下的介绍："下面进行的是IGF-1-3拷贝组，该组运动员体内被转了三个IGF-1拷贝。"这样的奥运会你还会去关心吗？看来未来的奥运会只能设立球类项目了，毕竟球赛不仅需要肌肉，还需要大脑。且慢，刚刚看到一条消息，能让人增加脑容量的"大头基因"也被发现了……

当竞技体育的目的变成了对金钱和名誉的追逐时，什么事情都有可能发生。

（2007.10.22）

聪明基因

人的智商是否由基因决定？这是一个危险的课题。

诺贝尔获奖者、DNA 双螺旋结构的发现者之一詹姆斯·沃森博士不久前在一次公开讲话中暗示黑人的智商比其他人种低。可就在 2007 年 12 月 9 日，英国《泰晤士报》爆料说，沃森有 16% 的基因很可能来自黑人。

如果此事属实，是否说明黑人一点也不笨？可是，一个聪明人怎么能说出这样的傻话呢？看来黑人的智商确实有问题？

无论怎么推理，结果都令人尴尬。因为人的智商历来是一个非常敏感的话题。你可以嘲笑某人个子矮，但绝不能指责他的智商，因为高矮胖瘦指标明确，智商界定就没那么清晰。科学家只能从极端的情况着手，研究最聪明和最傻的群体之间的差别。

先来对比一下人和黑猩猩吧。2007 年 5 月，中科院昆明动物所研究员宿兵在《人类突变》杂志上发表一篇论文，声称他领导的小组发现了一种名为 KLK8 的基因在人和猩猩之间存在明显差异。该基因负责编码一种丝氨酸蛋白酶（Neuropsin），这种酶在人脑中含量很高，被认为与大脑的发育密切相关。人的 KLK8 基因只比黑猩猩的相差一个基因位点，但这个位点改变了该基因的剪切加工，使得人类的丝氨酸蛋白酶要比黑猩猩的多 45 个氨基酸。这多出来的部分究竟如何起作用的呢？目前还不得而知。

相似研究在人身上就不好做了，因为人类之间的基因差别很小，很难找到规律。2007 年 12 月初，英国伦敦心理学研究所的罗伯特·普洛民（Robert Plomin）教授在《基因大脑和行为》杂志上发表了一篇论文，认为人类基因对智商的影响不大。普洛民教授找来了 7000 名 7 岁儿童，让他们做一系列精心设计的测试题，以此研究他们的推理能力。之后，普洛民教授从这些儿童的血液中提取 DNA，加入一种特制的基因芯片，快速地自动检索 50 万个基因位点的差异，结果发现这 7000 个孩子中有几百个基因位点都存在差异。

为了缩小范围，普洛民把注意力集中到智力水平最高和最低的两群孩子身上，结果他找出了六个对智力影响最大的基因位点。可是，进一步的量化研究发现，这六个基因位点对智商差异的贡献加起来只有 1% 左右，其中影响最大的基因位点的贡献是 0.4%，非常小。

"这不奇怪。"纽约大学心理学家盖里·马科斯评论说，"智力和人脑的组装过程有关，人类基因组中至少有一半的基因参与这个组装过程，你需要上万个基因一起发挥作用，才能组装完成一个健康的大脑。"

可是，另一位科学家有不同意见。"不能从这项研究中得出结论说：智力是不能遗传的。"哈佛大学神经生理学家史蒂芬·平克评论说，"基因对智力的影响有多种形式，非常复杂。"平克认为，利用基因芯片做基因组全扫描的研究方法目前尚处于摇篮阶段，无论是生化领域还是统计学领域都有很大的改进空间。他坚信人类的智商确实是可以遗传的，只是政治家们不愿意承认这一点。

平克的想法很快就得到了验证。根据最新消息，纽约一所医学院的研究人员凯瑟琳·伯迪克重复了普洛民的实验，她同样利用基因芯片检测了50万个基因位点，结果发现影响智力最强的三个基因位点对智力差异的影响是10%左右，比普洛民的结论高出十倍以上。伯迪克将于近期内发表她的实验结果。

上述两篇论文均发表于水平一般的杂志上，显示这两个实验都处于初级阶段，并没有揭示出基因影响智商的生化基础。事实上，关于基因和智力发育的研究总体上水平不高，虽然理论很多，但得到公认的理论很少。

有个理论值得一提，叫作"幼态延续"（Paedomorphosis）。所谓"幼态延续"，是指某种动物的幼年发育期过长，导致成年时仍然保留了很多幼时的特性。比如，相比其他的高等哺乳动物，人类大脑的发育期非常长，可以一直延续到十几岁，而黑猩猩的大脑几岁后就停止发育了。众所周知，幼年的黑猩猩智商堪比同龄的人类，但它们的大脑很快停止发育，智力水平也就停止在幼儿时期了。

2006 年 3 月，著名的《自然》杂志发表过一篇论文，间接支持了这一假说。论文作者来自美国国立卫生研究院，他们找来 309 名年龄在 6 ～ 19 岁的健康儿童，用核磁共振方法测量了他们大脑皮质的厚度。大脑皮质指的是大脑皮层富含皱褶的部分，是大脑进行复杂思维活动的主要场所。正常情况下，儿童的大脑皮质发育曲线呈钟形，其厚度在 8 岁左右达到顶峰，然后逐年下降。这次研究意外发现，聪明的孩子大脑皮质的发育比普通孩子来得要晚一些，其厚度直到 11 ～ 12 岁才达到顶峰，显示这些孩子大脑发育定型所需要时间比普通孩子长。

"虽然有证据表明基因确实和大脑发育的速度有关，但大家千万别认为这项研究证明了智力是可以遗传的。"牛津大学实验心理学家理查德·帕辛翰姆在论文后面发表的一篇评论说，"人类大脑的发育过程和环境因素有着很大的关系，那些聪明的儿童也许生活在一个信息丰富的环境里，所以他们的大脑发育才会一直不停。"

（2007.12.24）

长寿基因

个子矮的女性最长寿，这是有科学根据的。

世界公认的活得最长的人是一位名叫简·卡尔蒙特（Jeanne Calment）的法国老太太。她生于 1875 年，死于 1997 年，一共活了 122 岁零 164 天。她在 14 岁的时候见过凡·高，还曾参加过法国文豪雨果的葬礼。据说她年轻时非常瘦小，身高只有 1.5 米。

还有一位阿塞拜疆人自称活得更长，他叫希拉里·米斯里莫夫（Shirali Mislimov），苏联政府"证明"他出生于1805 年。在他于 1973 年去世之前，米斯里莫夫住的那个位于高加索地区的小村庄吸引了大批西方科学家前去"朝圣"，试图找出他长寿的秘密。可是，一位名叫佐雷斯·梅德维德夫（Zhores Medvedev）的苏联科学家叛逃到西方后公开撰文指出米斯里莫夫有造假的嫌疑，他的出生证明是为了逃避兵役而伪造的。

这个梅德维德夫后来定居英国，专职从事长寿研究。据他统计，全世界一共有超过 300 个长寿理论，它们大致可分为两类：一类认为衰老是自然规律，无法避免，比如"自由基理论"就属于这一类；另一类则认为衰老是受基因控制的，比如"染色体端粒理论"就认为，细胞分裂的次数早就被规定好了，多了就会出差错。

后一种理论研究的人多一些，因为一旦成功，就可以针对那个基因，开发出新的长寿药。可是，研究长寿基因是一件非常麻烦的事情，因为人瑞（超过百岁）是很稀有的。据统计，人类平均每一万人才有一个人瑞，很难凑齐足够的数量。另外，基因研究对实验对象的"基因纯度"要求很高，而人类的基因混杂得很厉害，这就大大增加了研究的难度。

于是，"阿什肯纳齐"（Ashkenazi）系的犹太人就成了最好的研究对象。这是一支来自德国境内的犹太族群，历史上曾经遭受过多次迫害，最惨时只剩下十几万人，只占世界犹太人口总数的 3%。可这个族群异常坚韧，他们不断向东方扩张，逐渐占领了整个东欧。如今他们势力强大，占了全世界犹太人总数的 80%！

这支犹太族群之所以能繁荣昌盛，首先靠的是头脑。虽说人类不同族群之间的智商比较研究一直存在争议，但如果你知道爱因斯坦、弗洛伊德和马克思都出自该族群，你大概就不会怀疑这一点了。

其次，这个族群非常团结。他们没有和异族通婚的习惯，因此他们的基因组成相对单纯，基因同源性很高。这一点使得他们成为人类基因学研究的最佳对象。

纽约阿尔伯特·爱因斯坦医学院老年研究所所长尼尔·巴兹莱（Nir Barzilai）看中了"阿什肯纳齐"犹太人的这一特点，决定找出他们的长寿基因。他征集了384名平均年龄在97.7岁的"阿什肯纳齐"人瑞，收集他们的DNA，分析IGF-1基因的变异程度。这个IGF-1基因编码一种名叫"胰岛素样生长因子"的蛋白质，这种蛋白质在哺乳动物的发育中扮演着至关重要的角色。动物实验表明，IGF-1基因发生变异的小鼠平均寿命比对照组长30%～40%，而一些与年龄有关的老年病的发病时间也会相应推迟，因此这个基因一直是衰老研究领域的热点。

虽说这个基因和动物长寿的关系已经搞得很清楚了，但它在人类中的作用却不甚明了，因为缺乏对照组。"能够作为对照组的人大都在30年前去世了。"巴兹莱的合作者、UCLA医学院的内分泌专家平查斯·柯恩（Pinchas Cohen）解释说。为了解决这个问题，他俩想出了一个变通的办法：研究人瑞的后代，并和具有相同生活背景的短寿犹太人的后代做对比。

结果显示，无论是人瑞后代还是普通人的后代，他们体内的IGF-1基因都是一样的。但是，IGF-1的受体却有显著的不同。要知道，任何激素要想发挥作用，必须有受体的参与。人瑞的后代中，IGF-1受体变异程度更大，并且缺陷型基因的比例很高。也就是说，这些人瑞的IGF-1受体功能受损，不能很好地利用"胰岛素样生长因子"，其结果就是这些人的发育比正常人要迟缓。

这个结果并不令人惊讶，早就有很多实验证明延迟动物的发育速度能够延长其寿命。比如，实验证明，如果限制小鼠的食物摄取量，让它们始终处于半饥饿状态，它们体内的"胰岛素样生长因子"水平就会降低，造成发育迟缓，但寿命却相应延长了。

换句话说，长寿是有代价的，那就是身高降低。事实上，根据柯恩和巴兹莱的统计，带有缺陷型 IGF-1 受体基因的犹太人瑞后代要比对照组矮 2.5 厘米。

更有意思的是，两者的区别只在女性身上才能显现，人瑞的男性后代则看不出区别。柯恩认为，男性体内有某种平衡机制，即使他们身上带有缺陷型 IGF-1 受体，仍能通过某种未知途径让"胰岛素样生长因子"发挥它们应有的作用。

这项实验的结果发表在 2008 年 3 月的《美国国家科学院院报》（*PNAS*）上。为了防止有人误读，偷偷给自己注射降低"胰岛素样生长因子"水平的药物，柯恩特别指出，人瑞体内绝对有不止一个"幸运"基因，光靠 IGF-1 是不够的。他打算和巴兹莱一道继续这项研究，试图找出人瑞体内还有哪些基因发生了变异。"在我们最终找出所有的长寿因子之前，大家千万别在家偷偷试验。"柯恩警告说。

（2008.3.24）

健康生活的基因理由

健康的生活方式可以改变某些基因的
功能。

作息要规律，不要挑食，坚持锻炼身体，保持愉快
心情……

我们每天都会听到许多关于健康生活方式的忠告，但这
样做为什么就能保持身体健康呢？科学家正在逐步揭开其中
的秘密。

美国哈佛大学医学院博士，加州"预防医学研究会"会
长迪恩·奥尼什（Dean Ornish）自上世纪 80 年代开始就着
手研究健康生活方式和心血管疾病之间的关系，他发现心血
管病人即使不吃药，不做手术，仅靠维持健康的生活方式就
能有效地控制病情。他根据研究心得写成的一本书上过《纽
约时报》的畅销书排行榜，在西方国家轰动一时。

之后，奥尼什博士又把精力转移到前列腺癌症上。2005
年，他的研究小组通过随机对照试验发现，如果前列腺癌症
患者控制饮食，少吃动物制品，多锻炼，就能有效地控制
前列腺癌细胞的繁殖速度，延长生命。2008 年 6 月，该小

组又在《美国国家科学院院报》（*PNAS*）上发表论文，揭示了其中原因。他们找来 30 名患有早期前列腺癌的男性病人，帮助他们改变生活方式，控制饮食，适度锻炼，并通过心理干预来保持病人积极乐观的心态。三个月后，这些病人体内的许多与癌症有关的基因发生了显著变化，一些能够促进癌细胞增殖的基因活性下降了，而另外一些能够杀死癌细胞的基因活性增强了。

通常我们说某个基因是"好"或者"坏"，并不是说它们本身有好坏之分，而是它们各自编码的蛋白质有好有坏。从基因到蛋白质的转化需要经过一系列复杂的步骤，生物学家把这一过程叫作"基因表达"。我们每个人的基因组内都天生带有很多"坏"基因，关键是如何控制它们的表达水平。事实上，关于如何调控基因表达的研究一直是遗传学领域的热点，科学家们进行了大量的实验，试图揭开基因表达的秘密。

比如，就在 2007 年，美国科罗拉多大学科学家安德烈·皮茨因（Andrey Ptitsyn）和他的研究小组用"基因芯片"研究了光线对小鼠基因表达水平的调控作用。这种基因芯片能够一次同时研究 2 万种不同基因的表达水平，使得这类研究终于在技术上变得可行。皮茨因博士的研究小组让一批小鼠生活在正常光照周期（12 小时光照，12 小时黑暗）的环境里，然后研究小鼠体内的基因表达。此前，科学家虽然知道光线能够改变基因的表达水平，但通常估计只有

15% 的基因能够被光线改变。但皮茨因和他的同事们惊讶地发现，所有 2 万种基因的表达水平都受到了光线的影响，无一例外。

接着，科学家们改变光照条件，让小鼠生活在周期紊乱的环境下。结果证明，这 2 万个基因的表达水平虽然也在变化，但变化的周期越来越不同步。这就好像一个交响乐队没了指挥，虽然每个乐手仍在奋力演奏，但总体效果越来越差。

这项研究说明，光照周期通过改变基因的表达水平，改变了生命的自然节律。按照这一理论，那些受到多个基因调控的生理功能，比如情绪、发育和免疫系统等等，更可能受到光照变化的影响。如果改变光照节律，就可能对生命体的健康造成不良后果。

比如，很多与消化有关的基因与一种名为"瘦素"（Leptin）的激素有关，如果这些消化基因的表达水平被光线打乱，就会影响"瘦素"的功能。"瘦素"能够降低人的胃口，对控制体重很有帮助。皮茨因认为，人造光线出现在人类生活中大约只有一百年，也许正是由于人体尚未适应这种转变，才导致了"瘦素"功能的降低，从而使得现代人很容易发胖。

众所周知，生活不规律，晚餐吃得过晚，都是导致肥胖的原因。皮茨因的实验也许揭示了其中的原因。

皮茨因和奥尼什的实验都证明，健康的生活方式能影响基因的表达，这为人类防治某些疾病指出了一个新的方向。
"我们的实验结果很可能有着更广泛的用途，而不仅仅局限于前列腺癌。"奥尼什认为，"有两个广谱致癌基因——RAN和Shoc2，都可以被健康的生活方式所抑制。因此，健康的生活方式很有可能会对很多其他类型的癌症有抑制作用。"

（2008.7.21）

数学基因

一个人的数学能力是天生的还是后天培养的?

阿基米德被认为是古希腊最聪明的人。据说国王曾经让他鉴定一顶王冠的真伪,他在洗澡时突然想出一个绝妙的办法,把王冠浸入水中,排出的水的体积和王冠的体积相等,这样就能算出王冠的比重,再和纯金比较一下,就能知道答案了。于是他激动地从澡盆里冲出来,大喊:"Eureka! Eureka!(找到了!找到了!)"

这个故事流传甚广。但是,美国斯坦福大学的阿基米德专家热维尔·内兹否定了这个说法。他认为这个故事的作者根本不了解阿基米德,这个测王冠的办法非常直观,小学生就能懂,根本无法代表阿基米德的数学水平。阿基米德最重要的贡献是提出了"无穷数学"的解决思路,并用这个思路找出了"化圆为方"(计算圆面积)的计算方法。他确实写过一本《论浮体》,但这本书根本没有提到过王冠问题,而是花了大量笔墨论证了水中物体受到的浮力等于其排开水的重量。这个绝妙的发现需要用到抽象思维,这才是真正考验数学家水平的问题。

　　数学最大的特征就是抽象。抽象思维是人类特有的一种思维方式，但缺乏抽象思维数学能力的人智商并不一定就低。事实上，心理学家证明两者之间没有必然的联系。

　　生活中有时会碰到一些数学很差的人，他们不会简单的加减乘除，买东西不会算钱，甚至连数字时钟都不会看。但是，他们中的大多数人一点也不笨，其他方面的智力完全正常。心理学家把这种现象叫作"算术障碍"（Dyscalculia），和大名鼎鼎的"阅读障碍"（Dyslexic）很相似，两者大约各占总人口的 5%。

　　算术障碍和阅读障碍都是人类特有的现象，因为两者都涉及对抽象符号进行思考的能力。拿数学来说，包括人类在内的很多高等动物天生都具有"大致数感"（Approximate Number Sense），也就是说，在面对两棵结满果实的大树时，很多动物都能立刻判断出哪棵果树上的果实多。显然，这种能力会让动物们更好地在野外生存下去，因此受到了进化的青睐，最终被固化到动物的基因组里。

　　人类在此基础上更进了一步，把果实的总量抽象成了准确数字，并且学会了怎样抛开具体实物，对抽象的数字进行加减乘除的运算。那么，这种抽象能力到底是天生的，还是后天学习得来的呢？这个问题很难回答，因为我们很难判断一个数学能力差的孩子到底是基因出了问题，还是遇到了一个不好的老师。

法国法兰西学院的斯坦·德希尼（Stan Dehaene）教授进行过一个著名的实验，试图回答上述问题。他发现在亚马孙河流域生活着一个原始部落，在他们的语言里只有1到5这五个数字。德希尼设法让部落里的原住民做一个电脑游戏，先在屏幕上画一条直线，最左边放一个点，最右边放10个点，然后随机给出1到10中的任意一个数字，让原住民自己选择这个数字应该被放在直线的哪个部位。照理说数字5肯定应该被放在直线的中点，但是原住民们却都把3放在中点，而把5放在了靠近10的位置。德希尼解释说，有抽象数字能力的人知道5是10的一半，但是原住民们并不知道数字的真正大小，他们不会线性思维，而只会用比例来思考，也就是说，他们觉得10只是5的2倍，而5是1的5倍，所以5的位置应该更靠近10，而不是1。

　　"靠打猎和采野果为生的原住民们没有任何理由需要知道37和38之间的差别。"德希尼总结道，"他们只需要具备'大致数感'，即知道比37多20%或者少20%是什么样子的就行了。"

　　这个实验说明，抽象数字这个概念是和语言有关的，因此是通过后天学习得来的。目前这一派占了上风，他们认为"算术障碍"的原因是后天学习不得法，因此可以通过改进学习方法来解决。

　　但是，美国约翰·霍普金斯大学的心理学家贾斯汀·哈尔博达（Justin Halberda）所做的一个实验却对这一派学说提出了质疑。他找来 64 名 14 岁的孩子，让他们看电脑屏幕上闪现的一堆包含两种颜色的小球，然后判断哪种颜色的球数量多。这个小测验测量的是孩子们"大致数感"的能力，它再次证明，这个能力与绝对数量无关，只与比例有关。两种颜色球的比率越是接近 1∶1，孩子们出错的概率就越大。这个很容易理解，一个红球对两个黄球很容易猜对，而 15 个红球对 17 个黄球就不一定了，虽然后者的差别是 2，比前者高。

通常认为，"大致数感"是天生的，人与人之间没有差别。但出乎哈尔博达意料的是，这批孩子的"大致数感"能力差别很大，有的孩子在比率为 4∶3 的时候就已经很难做出准确判断了。

接下来的事情更令人惊讶。哈尔博达对比了"大致数感"测验的得分与孩子们的数学成绩，结果发现两者有着惊人的相关性。既然"大致数感"是遗传的，那么这个结果说明一个人数学能力的好坏与他的基因有关。也就是说，很难通过提高教学质量来治疗有"算术障碍"的孩子，必须想别的办法。

目前这两派学说都有一些证据支持，双方谁也说服不了谁。因此有人提出，也许"算术障碍"有两种不同的机理，需要区别对待。如果事实确实如此，那么首要问题就是尽快找出一种准确的筛选机制，尽早发现你的孩子究竟属于哪种情况，才能对症下药。

（2009.3.9）

高科技算命术

《时代》周刊评出本年度"50项最佳发明",个人化的基因测试被选为第一名。说白了,这就是一种基于基因技术的算命术。

　　想知道你儿子适合练短跑还是长跑吗?只要花399美元购买一个DNA试剂盒,然后让他往试剂盒提供的一根塑料试管里吐2.5毫升唾液,封好后用联邦快递寄给"23与我"公司(23 and Me,"23"代表人的23对染色体)就可以了。2~4周后,该公司会给你指定的邮箱发一封邮件,告诉你一个密码,用这个密码登录"23与我"的网站后你就能知道结果了。

　　该网站向用户提供三类数据:第一类是原始数据,在这里你可以看到你儿子的基因型到底是什么;第二类是结果分析,该公司会给你提供一份详细的分析报告,告诉你你儿子到底适合从事哪项运动;第三类是家谱分析,你可以看看都有哪些人和你儿子具有相同的基因,顺便查一下他的家谱。

　　这种算命和星座、血型什么的不一样,属于"高科技算命",是有科学根据的。就拿"短跑基因"来说,你可以登录http://www.snpedia.com/网站,点击"短跑和耐力",然后根据该网站的提示，在"23 与我"公司提供的原始数据中找到 rs1815739。如果你儿子在这个位置上的两个拷贝都是C，那就让他去练短跑吧。

这个神秘的 rs1815739 怎么会有如此大的魔力呢？要想明白这一点，必须首先搞清楚人与人之间的基因差别究竟在哪里。

基因算命的可行性研究

自从科学家知道了基因的秘密后，便一直试图搞清楚基因型和个体差异之间的关系。要想做到这一点，首先必须测出人类基因组的全部顺序。这份工作在 2003 年完成了，结果发现人类基因组一共有大约 30 亿个核苷酸（CGAT），但却只有 2 万～2.5 万个编码蛋白质的基因，总数远比事先估计的要少。换句话说，人类基因组中只有大约 1.5% 是负责编码蛋白质的，剩下的除了一小部分具有调控基因表达的功能，其余的都是"垃圾 DNA"。

遗传学家们对于这个发现十分高兴，因为这就意味着只要搞清人类基因组中一小部分 DNA 顺序的秘密，就能用来"算命"了。要知道，虽然 DNA 测序的成本近年来持续下降，但目前测量一个人的全部基因组顺序仍然需要花费大约30 万美元，一般人是付不起的。

但是，即使测量这 1.5% 的顺序，费用仍然不低，所以科学家们一直在寻找更简单的办法。在比较了大量数据后，科学家发现，人与人之间的 DNA 差异其实非常小，大约只有 0.1%。其中，大部分差异来自"垃圾 DNA"，还有一部分差异是基因拷贝数的多寡，以及整段 DNA 的缺失或位移，但这部分差异所占的比例很小，可以忽略不计。

人与人之间最常见的基因差别是单个核苷酸的变化，比如某人的某段基因是 CCGGTAA，另外一个人是 CCGATAA，只有中间那个位置有变化，由 G 变成了 A。科学家把这种变化叫作"单核苷酸多态性"（Single Nucleotide Polymorphisms，简称 SNPs）。SNPs 来源于 DNA 复制时发生的突变，那些对生命造成严重伤害的突变显然都被自然选择淘汰了，剩下的突变都是一些没有损害，或者损害较小（并在其他地方有所补偿）的。统计学研究表明，人类的 SNPs 总数是有限的，如果只统计出现频率大于 1% 的 SNPs 的话，那么人类一共只有 1000 万个左右的 SNPs，研究起来要比 30 亿个核苷酸顺序容易多了。

SNPs 和指纹一样，相当于一个人的"个人密码"，不可能发生两个人的 SNPs 完全相同的情况，因此基于 SNPs 的 DNA 鉴定可以被法官用来作为定罪的证据。另外，SNPs 是可以遗传的，你的 SNPs 大约有一半和你父亲相同，另一半来自你的母亲，因此 SNPs 也一直被用来作为亲子鉴定的证据，并可以被人类学家用来作为研究人类进化的工具。

需要特别指出的是，上述关于 SNPs 的应用都只是数学意义上的，并不涉及与之对应的生理变化。为什么呢？因为大部分SNPs发生在垃圾DNA片段上，不会对人体造成任何影响，剩下的小部分SNPs当中也有很多是不会改变蛋白质的氨基酸顺序的，科学家们把这种突变叫作"无效突变"。所以说，人类这1000万个SNPs当中只有很小的一部分会引起生理变化，只要研究这一小部分SNPs，就能搞清楚人与人之间为什么会不同，或者为什么人会得某种病。

怎么样，基因算命这件事变得越来越容易了吧？

话虽这么说，可实际操作起来困难还是很大。人不是小老鼠，没法随便操作，因此，要想知道某个具体的SNP究竟会引起什么病，通常只能通过统计的方法加以归纳。比如说，如果科学家发现患有乳腺癌的人大都带有某个特定的SNP，就说明这个SNP很可能与乳腺癌的发病机理有关系。事实上，大名鼎鼎的乳腺癌基因BRAC1和BRAC2就是这么被发现的。

类似研究需要大量数据做支持，因此国际上生物基因领域的研究都遵循数据共享的原则。事实上，美国国立卫生研究院（NIH）很早就意识到基因研究领域的信息共享是必需的，于是，该研究所早在1988年就出资成立了"美国国立生物信息中心"（National Center for Biotechnology Information），负责汇总全世界生物实验室的研究成果，并及时公开到互联网上供人分享。如果没有这个信息中心的话，基因工程领域的大部分研究都将无法进行下去。

经过多年研究，科学家们发现，单个 SNP 往往不能准确地预测疾病的发病率，人类的疾病常常与很多基因有关，这就大大提高了 SNP 研究的复杂性。为了解决这个问题，科学家们决定用一组 SNPs 来代替单个 SNP，这是因为，人的生殖细胞在形成过程中会发生基因重组。基因重组的过程很像是洗牌，目的就是打乱基因遗传的顺序，让后代更加多样化。同一条染色体上距离较远的 SNPs 在洗牌的过程中通常会被拆散，但是距离较近的 SNPs 往往不会被拆散，而是连在一起被交换到另一条染色体上。这一组连在一起的 SNPs 被叫作"单体型"（Haplotype），也就是说，只要发现其中一个 SNP，就可以预测同一单体型内其他的 SNPs 们都存在，这就等于找到了一个更加有效的 SNPs 标记方法，大大简化了 SNPs 研究的难度。

2002 年，由加拿大、中国、日本和美国等国共同资助进行了一项绘制人类单体型图的工程，并于 2007 年底基本完成。这项研究的最终目的就是找出人类疾病和基因型之间的关系，并帮助制药厂发现不同基因型的人对药物的不同反应，更好地"对人下药"。科学界普遍认为，人类单体型图的绘制是一项不亚于人类基因组测序的重大工程，从某种意义上说甚至比后者更加有用，因为科学家们终于写出了一本简单实用的《基因算命手册》。

2007 年，用于 DNA 测序的"DNA 微阵列芯片"（Microarray）的价格也终于下降到了消费者可以接受的程度，基因算命的准备工作终于万事俱备，只欠东风了。

"23 与我"的诞生

十年前，两个斯坦福大学的博士研究生在美国硅谷租下了一间车库，开始研究一种新的互联网搜索工具，他们把它命名为"谷歌"（Google）。

谷歌的成功故事不必多说。与基因算命的故事有关的是：谷歌的两个创始人之一谢尔盖·布林（Sergey Brin）后来爱上了那个车库主人的妹妹安妮·沃基斯基（Anne Wojcicki）。这个沃基斯基从小就是个才女，1996 年从耶鲁大学生物系毕业后转向金融领域，主管生物技术公司的投资业务，亲眼目睹了生物技术领域在这十年里的高速发展。

2006 年，沃基斯基决定自己创业，便和琳达·艾芙耶（Linda Avey）合伙成立了"23 与我"公司，正式进军个人化基因测试领域。其实此前早就有好几家公司涉足这一领域，包括 Navigenics 和 deCODE 等，但因为谷歌宣布投资390 万美元作为"23 与我"的启动资金，再加上沃基斯基和布林于 2007 年秘密结婚，使得"23 与我"迅速脱颖而出，成为媒体关注的焦点。

2007 年底，"23 与我"正式推出了个人化的基因测试包，售价 1000 美元。这个价格还是稍嫌贵了一点，再加上公众对这个技术还不太了解，因此早期的顾客大都是一些有闲钱的名人，比如"股神"巴菲特和传媒大亨默多克等。2008年9月，该公司突然宣布把价格降到了399美元，在业内引起轰动。这一超低价格终于使这一听上去很玄的技术走入寻常百姓家，想想看，你只要付出一台数码相机的价钱，就能得到自己基因组大约60万个SNPs的数据，预测大约1000种疾病的患病概率。

"我有短跑基因。"沃基斯基在接受记者采访时，最爱讲的就是这个基因，"我在rs1815739位点的基因型是CC，适合练短跑。而我丈夫在这个位点的基因型是CT，也就是杂合体，理论上讲不适合练短跑。不过他昨天告诉我说，他要开始为参加奥运会进行训练，他想证明测试结果是不正确的。"

沃基斯基之所以喜欢拿短跑基因做例子，主要是想淡化个人基因测试在预测疾病方面的应用，突出它的"趣味性"。"我们公司基因测试的结果还不能用来作为医生诊断的根据，只是为顾客提供一些个人信息。"她不止一次对记者强调，"目前市场上的个人化基因测试还远未完善，其准确性还有待进一步提高。"

沃基斯基的担心正是这类基因算命公司的症结所在。大多数愿意花399美元的人大概都不会满足于弄清自己到底适合练短跑还是长跑，他们更想知道自己到底会不会得某种疾病。可是，不但美国食品与药品管理局（FDA）不会允许一项未经科学测试的诊断试剂上市，而且公众肯定也会对一个准确性不高的测试手段失去耐心。类似的例子以前曾经发生过。上世纪90年代美国曾经涌现出一批CT公司，顾客只要花1000美元就能做一次全身CT扫描，据称能够提早发现肿瘤阴影。但是，事实证明，这种CT扫描的"假阳性"比例实在太高，顾客常常会白担心一场。所以，这类公司勉强维持了几年就都倒闭了。

基因测试和CT扫描略有不同。首先，有相当一部分SNPs和疾病的对应关系非常明显，只要你身上带有某个SNP，几乎可以肯定你会得某种疾病，比如镰刀型贫血症、唐氏综合征和亨廷顿氏综合征等等都是如此。其次，对于那些不能百分之百肯定的SNPs，医生们都会明白地告诉你患病的概率，如果概率很高，那你也得格外小心。比如，如果你带有E-钙黏素（E-cadherin）基因的突变体SNPs，那么你得遗传性弥漫性胃癌（HDGC）的概率将会超过80%。再比如，如果你是一个女性，带有BRAC1或者BRAC2基因的SNPs，那么你患乳腺癌的概率也将大于80%。目前医学界认定的与基因型关联度很高的疾病大约有1400多种，对于这样的SNPs，提早检测出来是很有必要的。

对于那些关联度不高的SNPs，或者像"短跑SNPs"这样的"趣味基因"，情况就不同了。"23与我"只会给你提供一个概率，但会附上详细的背景资料，甚至包括原始论文供你参考。就拿这个"短跑SNPs"来说吧，这个被命名为"rs1815739"的SNP位于ACTN3基因内，这个基因编码α-辅肌动蛋白（α-actinin）。如果这个基因中间某位置的C

变成了 T，α-辅肌动蛋白便不能被合成。澳大利亚科学家曾经对该国的奥林匹克运动员进行过一次检查，发现绝大部分需要爆发力的运动员的基因型都是 CC，而需要耐力的运动员的基因型都是 TT，其中女运动员的关联度尤其高。另外几次普查的结果与此类似，但 TT 基因型并不能代表耐力一定好。所以，关于这个 SNP 的正确说法是：rs1815739 是 CC 的女性很可能具有短跑的天赋，而 rs1815739 是 TT 的女性则不必在短跑上下功夫了，你们成功的概率很低。对于男性而言，结论与此类似，但可靠度比女性低，您自个儿看着办。

"23 与我"在向顾客提供疾病预测时非常小心，只选择那些已经有大量实验为后盾的 SNPs。相比之下，Navigenics 公司在疾病预测方面做得更专业一些，虽然他们要价 2500 美元，但一次可以检测 90 万个 SNPs，做出的预测相对而言更加可靠。该公司的创始人戴维·阿格斯（David Agus）坚信自己公司提供的数据完全能够作为诊断的依据："如果我们告诉你，你患有结肠癌的概率很高，那你一定得早些去做结肠镜检查，这会救你一命。"

如果你不信他的话，可以去查查相应的原始论文，如果你看得懂的话。

基因算命 2.0 版

"23 与我"的总部设在硅谷，和谷歌挨得很近。也许是受了周围那些互联网公司的影响，"23 与我"非常重视和顾客的互动，并试图利用这种互动，让带有类似 SNPs 的顾客结成社区，互相帮助。著名的网上百科全书维基（Wiki）专门设立了一个 SNPedia 网站，让用户提供 SNPs 的相关信息，并建立相应的社区。举个例子，假如你的测试结果说明你带有 rs9939609 基因型，患肥胖症的概率比正常人高 15%，那么你可以登录 http://www.snpedia.com/ 网站，按照提示阅读与这个基因相关的研究文献，找出应对的办法。如果你看不懂科学论文也没关系，你可以通过"23 与我"，找到相关的社区，和那些"同病相怜"的人一起探讨。

这个明显带有网络 2.0 时代特征的社区还可以为科学家们提供更多的数据和病例。比如，"23 与我"的另一位创始人艾芙耶已经动员艾芙耶家族的三十多人进行了基因检测，这三十多人涵盖了四个世代，通过基因检测的结果可以详细地追寻艾芙耶家族所有 SNPs 的遗传走向，并和家族成员们的身体状况联系起来进行研究。可以想象，如果这样的数据积累得越来越多，基因算命的准确性也必将大大提高。

基因算命社区化还有一个好处，就是能帮助制药厂更有针对性地研制新药。大量证据表明，不同基因型的人对特定药物的反应是不同的，在一部分人身上有效的好药很可能对另外一部分人是毒药。虽然制药厂在推出新药前必须经过大量的临床试验，但受试者的基因型都是未知的，某些隐含的关联很难暴露出来。如果制药厂能够通过这类基因社区收集病人对某种药物的反应，就有可能研制出只针对特定基因型的药物来。

不过，社区化最大的好处就是信息民主化。这种社区可以最大限度地发动民间的力量，帮助公众学习相关的科学知识，消除公众对基因的误解，避免基因歧视现象的出现。从这一点上看，沃基斯基确实从丈夫身上学到了谷歌的精髓，这可是多少投资都无法替代的一笔巨额财富。

"你做一次基因测试，实际上就等于贡献出了你的基因信息。"沃基斯基在接受《时代》周刊记者采访时说，"如果科学家们能够掌握更多的信息，就有可能做出更多更好的发现。我们每个人身上都带有巨量的生物信息，如果我们把这个信息民主化，就有可能从根本上改变现有的医疗保健体系。"

确实，如果我们的医疗保健体系真正进入了信息时代，我们将可以按照自己的遗传特性，制定自己的生活模式。美国遗传学家、人类基因组计划的先驱者之一勒罗伊·胡德（Leroy Hood）博士在评价基因算命这一新技术时说："如果人类弄明白了那些百分比的真正含义，并严格按照医生建议的去做，那么人类的平均工作寿命提高十年将不再是一件不可思议的事情。"

（2008.11.17）